先生、大蛇(だいじゃ)が図書館をうろついています!

［鳥取環境大学］の森の人間動物行動学

小林朋道

築地書館

はじめに

前巻の執筆からまた一年が過ぎた。この一年、いろいろなことがあった。

読者のみなさんにも、きっと、いろいろなことがあったにちがいない。「大変だけど、頑張ろう」という気持ちでいてくださることを願うばかりである（最近、ツイッターやフェイスブックで、「本、読んでいます」というコメントをくださる方がたくさんいて……、文章に親近感のようなものがまじってしまう）。

今回の「はじめに」は、本文と同じくらい、**私が「書きたい！」と思うこと**の〝はじまりの部分〟だけを書かせていただくことにした。〝はじまりの部分〟が、本書の「はじめに」として本文を盛り上げてくれると思うからだ。そう、本書の「はじめに」にふさわしいのだ（**なぜふさわしいのか？**　など、詳しいことは考えないでいただきたい）。

私が「書きたい！」と思うことは、〝失敗〟だらけの私の生活のなかにあって、**ポツン、ポツンと元気をくれる出来事**だ。生物や学生たちをめぐる動物行動学的な出来事といってもいいだろう。そんな出来事のなかから読者のみなさんのために特によりすぐったものなのである。

ちなみに、最近は、先生！シリーズの本が出版されるのは四～五月で、原稿を完成させるのは一二月ごろだが、今回は事情があって一〇月初めに原稿を完成させた。そして、この「はじめに」を一〇月半ばに書きはじめた。そう、今は一〇月なのだ。

そして〝はじまりの部分〟の事件は、二〇一九年も終盤にさしかかった九月に起こり、今も続いている。

九月のはじめ、私は、鳥取市智頭町芦津（ちづちょうあしづ）のニホンモモンガの森に来ていた。

約一週間後に迫ったゼミの合宿の下見である（それと実験が終わったモモンガを放し、新しいモモンガを連れて帰るという目的もあった。もちろん、捕獲・飼育許可はとっている）。

ある調査区域の巣箱をチェックしていたときだった。巣箱の蓋をゆっくり、少しだけ開けたら、たくさんの巣材が詰まっており、そのなかからモモンガがヌッと顔を出したのである。なにか眠そうな、ぼんやりした顔のモモンガだった。

私はパタッと蓋を閉じ、巣箱ごとケージに入れて大学へ連れて帰った。

悲劇は、それから約一週間後、ちょうど合宿に出発する日の朝、**突然やって来た。**

早朝、飼育室に行くと、それまで元気だったモモンガがケージのなかで、巣箱から外に出てうつ伏せになって死んでいたのだ。

私は呆然と立ちつくした。


なんで!?


そんな悲劇、それまで経験したことはなかった。

そして異変にすぐ気がついた。………エアコンが止まっていたのだ。ということは、前の晩は飼育室のエアコンが切れていたということか。夜の暑さに耐えきれず死んだ可能性がある。

ただし、それに加えて、もう一つ原因と考えられることがあった（それはあとでお話しする）。

事前に告知されていたエアコン取替工事のことを忘れていた私の失敗である可能性が高い。

いずれにしろモモンガは死んだ。なんとも申し訳ない、沈んだ気持ちでモモンガを山に埋めてやった。

それから数時間後、学生たちが集まってきて、荷物を車に積みはじめた。

私は、学生たちには〝悲劇〟のことは言わず、合宿へと出発した。

合宿は充実したものだった。学術的にも、エンタメ的にも面白い事件もあった。その話はいつかまたお話しすることもあると思うが、今は、合宿から帰ってきてからのことだ。

一泊の合宿から帰ってきた次の日の朝、私は急いで大学に向かった。

朝起きたとき、**ある考えが頭に浮かび**(ほんとうだ!)、いても立ってもいられない気持ちになったのだ。

その考えというのは、こうだ。

「ひょっとしたら死んだモモンガは雌で、子育て中だったのかもしれない」

巣箱のなかに、巣材があんなにたくさん集められていた理由(母モモンガが採食で外出したときの子どもたちの保温のため）。（可能性だが）暑さに弱かった理由（授乳により母モモンガが体力を消耗していた）。巣箱から出て死んでいた理由（少しでも温度が低いところに移動した）。そんなことが説明できるような気もしたのだ。そして、季節的には、（出産時期が早春と夏であることから考えて）子育てをしていてもおかしくない。そしてなにより、私が、（もう一回言うが）私が直感的に感じたことだ。私くらいの研究者が直感的に感じたことならそれはきっと、無意識のうちにとてもとても鋭い内容に反応しているにちがいない。

だんだんと、（半分）妄想は増大し、ほんとうに巣箱のなかに子どもがいるような気分になって車を走らせたのだった。そして、もちろん大きな問題も認識していた。

仮に、巣箱のなかに子どもがいたとしても、空腹やのどの渇き、暑さで死んでいるかもしれない。

大学に着いて飼育室に行き、巣箱のなかを探ってみたら、**驚くなかれ！　ほんとうにいたのだ。**それも生きていたのだ！　三匹の子モモンガが！

私は、驚くと同時に、よくぞ生きていてくれた、母親へのせめてもの供養ができると思った。

そして、そこから**私の戦いが始まった。**

野生動物の子どもだ。一般的に、母親の飼育行動は（かなりな部分本能的に）とても巧みに、子どもの成長に必要な、栄養、外的刺激などを与える要素をシステムとして備えている。ヒトが育てる場合、それらの必要物をある程度以上満たさないと子どもは育たない。

これは**ほかの人にはまかせられない。**仕事と両立させて、なんとしても、巣立ちの時期まで育て上げ、母親がいた森に放してやらなければならない、と思ったのだ（それが結果としてニホンモモンガの動物学的習性の理解の深化につながる、という気持ちも、頭の片隅にあったことは白状しておかなければならないだろう）。

幸いにして、推定、生後一カ月半ほどで、目

ゼミ合宿からもどった翌朝、巣箱のなかを探ってみると、3匹の子モモンガがいた！　これはなんとしても巣立ちの時期まで育て上げなくては

も開いて体力もありそうな子どもたちだった。

水を与え、ミルク（これも私の直感と経験で、ヒトの赤ちゃん用の粉ミルク）を温かい湯に溶かして与えた。

子モモンガたちは、ミルクを入れたスポイトに飛びつくようにして**飲んだ、飲んだ、飲んだ、飲んだ。**

当然だ。丸一日以上、水分をとっていなかったのだから。

それでも三匹とも、少なくとも外見上は元気そうだ。

ちなみに、ここで読者の方は次のような心配をされるかもしれない。

私が親がわりをしたら子モモンガたちが、ヒ

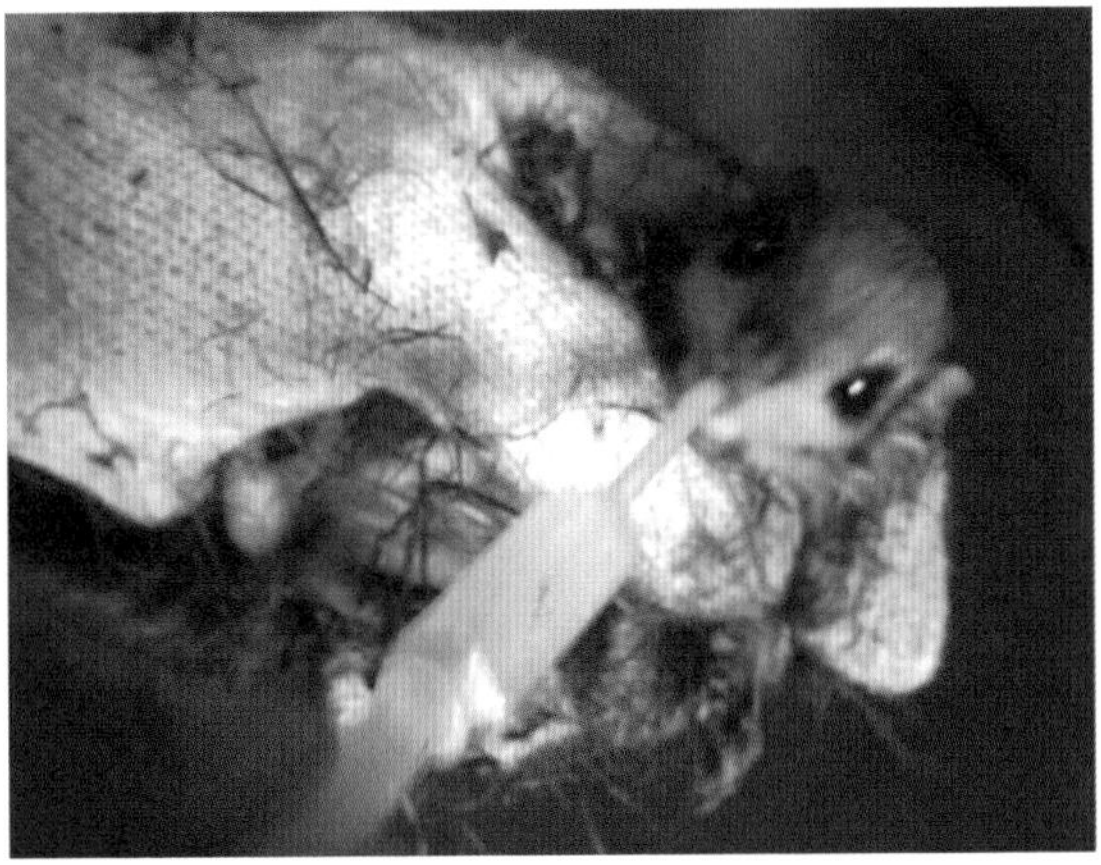

子モモンガたちにスポイトでミルクを与えると、ぐいぐい飲んだ。
丸１日以上水分をとっていなかったのだから当然だろう

トのニオイに慣れ（場合によってはヒトのニオイを同種のニオイとして記憶し）、〝本来のモモンガ〟になりきれないかもしれず、野生にもどれないのではないか？

もちろん私もそれを考えていた。そのうえで、大丈夫だろう、と思った。理由は「子モモンガは三匹いて、生活の大部分を一緒に過ごしているから」である。同種同士のやりとりはしっかり行なわれるからである。

加えて、巣立ち（生後二カ月半くらい）の時期までには、滑空や採餌を含め、野生で生きられるような能力は、私がつけてあげられるだろう、と思ったからである。

幼くて、それでいていたずらいっぱいの、三匹の子モモンガたちの世話は、もちろん、これまでいろんな野生鳥獣の子を育てた経験から、よくわかっていたが、……**大変だった。**

少なくとも、大学で三回くらい、家で深夜と早朝一回ずつくらい、授乳は欠かせない。

ケージの下にはホットカーペットを敷き、なかの掃除は頻繁にやった。

子モモンガたちは学習がはやく、おそらく私のニオイも覚えたのだろう。私がケージに手を入れると**われ先にとばかりに、**手に、腕に、肩に……と登ってきた。とにかくふれあいたいのだ（と私には思えた）。

早朝や夕方などに私が声をかけながらケージの仕切りを開けてやると、三匹のいたずらっ子が巣箱から出てきて、差し出した私の手に乗ってくる（ここで誰が一番先に乗るかをめぐって一悶着ある）。そして腕をつたって（私の腕を木の枝かなにかと思っているのだろうか）、肩に乗り（ここでも場所どりをめぐって一悶着ある。押しのけられた子は背中を回って反対側の肩に移る）、**まー、一応、安定する。**三匹がそれぞれちょこんと座って落ち着くのだ。

もちろんそれで〝ふれあい〟は終わらない。しばらくすると、私の首に体を摺り寄せてきたり、私の耳に顔を寄せて、**クッ・クッ・クッ**とさかんに鳴いたりする。時にはネコが喉を鳴

ケージの仕切りを開けると、3匹の子モモンガは巣箱から出てきて、私の手に乗り、腕をつたって肩に乗る

らすような声で鳴きつづけることがある（じつは、この声を聞いて、私のなかで、成獣同士の、ある行動の謎が氷解した！　詳しいことはまたいつか）。最後に、子モモンガたちは、私の耳たぶを両手でかきながら吸ったり軽く噛んだりして、現在の〝ふれあい〟のレパートリーはほぼ出つくしたことになる。

これらの行動は、本来は、親に対して向けられる行動なのだろうと私は推察している。最後の〝耳たぶを両手でかきながら吸ったり軽く噛んだり〟は、おそらく、母親の乳房から乳を飲むときの動作だろう。**「なんだ、乳が出ないじゃないか」**と不満に感じているかもしれない。

最近は、スギの葉も少しずつ食べるようになってきた。脳内プログラムがしっかりと展開し、おそらく（スギの葉が消化できるように）腸内細菌群も正常に変化し、刻々と〝野生〟の個体発生が進行しているのであろう。

少し遠くのものに飛びつく行動も出現してきた。頭を下げ、いかにも「距離感を測っている」ような様子で顔を左右上下に動かし（この動作は、滑空直前の成獣にも見られる動作で、違った方向から対象をとらえると距離がわかりやすいのだ）、パッと宙に舞う。

今は私に飛びついてくることが多いが、来週からは、大学林の野外ケージで、滑空の衝動を思いっきり発散させてやろう。

このようにして、森へもどす計画は順調に進んでおり、一方で、ニホンモモンガについての学術的にもとても貴重な知見もたくさん得られている。綿密な（？）行動記録のノートは、成長するチビモモンガたちに次ぐ、**何にもかえがたい宝物である。**

さて、モモンガたちの人生（獣生）の「はじめ」はこんなところだ（その後の成長と旅立ちは次回の本でしっかり書く予定だ）。そして、本書の「はじめに」も終わりにしよう。

スギの葉も少しずつ食べるようになってきた子モモンガ。腸内細菌群もスギを消化できるように変化しつつあるのだろう

読者のみなさんには、本書が、いろいろ大変なことも多い生活のなかにあって、ポツン、と元気をくれる出来事になってくれたらとてもうれしい。

最近、ツイッターやフェイスブックで、「本、読んでいます」というコメントをくださる方がたくさんいて……、文章に親近感のようなものがまじってしまう（これは冒頭でもう言ったか）。そんなこともあって、次のようなセリフがわいてきた。

お互い大変なこともたくさんあるが、しかたのないことはしかたのないこととして胸におさめ、前を向いて進んでいきましょう。

今回も読んでいただいてありがとうございます。

二〇一九年一〇月

小林朋道

◆目次

はじめに　3

ヘビ好きの二人のゼミ学生の話　19

ニホンモモンガはテンを大変怖がる！
テンはモモンガの巣箱の出入り穴を齧って
なかに侵入するのかもしれない！　51

Ktくんはニホンアナグマの研究をしている
社会性に富んだ動物なんだよね　79

ユビナガコウモリはぶら下がって休息するとき、優位個体が劣位個体の背後に乗る!?
コウモリの群れのなかでの個体間関係って、ほとんど知られていないのだ　97

大学のノベルティ（記念品）とモモンガグッズ
Ｎｋさんの技術には、イヤ、驚いた！　感心した！　117

ホバとの出合いを思い出させてくれた鳥との出合い
別れはまったく違っていたけど　139

鳥取環境大学のヤギの群れのリーダーは……
群れの内部構造の秩序に踏みこむ一歩、みたいな　157

公立鳥取環境大学
MOMONGA IN FOREST OF ASHIZU
MOMONGA IN FOREST OF ASHIZU

本書の登場動（人）物たち

ヘビ好きの二人のゼミ学生の話

二〇一九年春に卒業していったゼミ生のなかに、二人のヘビが大好きな学生がいた。偶然、二人とも山形県の出身で、一人は、どちらかというと都会育ち。もう一人は、どちらかというと山村育ちだった。

そういう環境も関係しているのか、前者の学生は室内でいろいろな種類のヘビを飼い、姿も含めた、その全体をこよなく愛し、後者の学生は、おもにヘビの行動に興味をもっていた。

ちなみに、二人のヘビ学生（以後、こう呼ばせてもらうことにしよう。**まーそれくらいヘビまみれ**だったのだ）がゼミに入ってきたころ、私もそれなりに年を重ね、教育・研究以外の仕事も増え、一方で、少々体力も目減りしてきたのだろうか。学生たちへのサポートが十分できない自分を感じて……、そんな自分に、あーー、嫌だな？………みたいな。

でも「前向き」が信条なので、多少苦しそうな顔をすることはあっても、日々、私なりに頑張っている。そしたら、面白いことも起こるし、いいことも、あるし。………なんの話だっけ？

二人は、そんな私のゼミで、研究以外のことも含め、いろいろなことをやってくれ、ヘビのことも含め、辛抱強く私につきあってくれて、元気づけ、楽しませてくれた。

さて、ヘビ学生の卒業研究についてだ。

Ｍｇくんの話から始めよう。

Ｍｇくんは野生のなかのヘビに興味をもっていた。できれば、Ｍｇくんと一緒に、野外のヘビを探し、行動や生態についてのテーマに取り組ませてあげられればよかったのだが、そこまでの時間が私にはなかった。

折衷案として、野生で生きるヘビの行動で、実験室でも研究可能で、かつ、これまで調べられてこなかったものをテーマにすることにした。

最初は、四×四×高さ二・五メートルの、ヘビが抜け出せないくらい小さい目の金網で囲った野外ケージ内に、自然状態に近い環境をつくり、そこでテーマを見つけ出そうとした。

野外ケージはもともとあったものだったが、内部に水場をつくったり木を植えたり、結構、苦労して環境を整えたのだが、（Ｍｇくんが苦労して捕獲した）**アオダイショウを、いざ、なかへ入れてみたら、**アオダイショウは、金網を支えるスギの丸太支柱に登ってなかなか下りてこないのだ。そして、最終的には、アオダイショウは、**ケージから姿を消してしまった**（可能なかぎり探したが見つからなかった)。おそらく、どこかにヘビが抜け出せる隙間があったのだろう。**われわれはガクッときた。**まー、研究の準備段階ではよくあることだが。

でも、それでテーマの候補が一つ決まった。そう、**「アオダイショウの登攀(とうはん)行動のメカニズム」**だ。

確かにアオダイショウは、自然界で、しばしば樹上を狩りの場にすることが知られている。樹上の巣のなかの鳥や卵を捕食するらしい。だとしたら、樹上へ達するための独特の登攀技術を発達させている可能性も高い。アオダイショウの行動特性の一つだ。

Mgくんは、さっそく、アオダイショウの登攀行動について、これまでの研究を調べてみた。その結果、一九六五年の短い報告がわずかに一つだけ見つかった。アオダイショウ以外のヘビの登攀行動についてはまったく論文はなかった(あとで同僚のT先生が、海外の研究のなかに二例だけ、ヘビの登攀行動に関係した論文があることを教えてくれた。でも登攀のメカニズムを明らかにしたものではなかった)。

「野生で生きるヘビの行動」「これまで調べられてこなかった行動」……、これらの条件を満たすじゃないか。**これをやってみよう。**「アオダイショウの登攀行動のメカニズム」を、〝室内の実験室〟で研究してみよう。………ということになった。

ちなみに、アオダイショウと近縁な（どちらも*Elaphe*属のヘビで見た目もよく似ている）シマヘビについても調べようということになった。

シマヘビはアオダイショウとは近縁だが、生活様式が異なり、狩りの場として水場近くを好み、木に登って樹上で狩りをすることはほとんどない。

シマヘビとアオダイショウの登攀行動を比較することによって、アオダイショウの登攀行動の特性が、より浮き上がって見えてくるのではないか、と考えたのだ。

〝室内の実験室〟というのは、二〇一六年に実験研究棟ができたとき、私の研究室に接する実験室の一画につくってもらった七×一・五×高さ四メートルの部屋だった。もちろんエアコンも水道設備もつけてもらい、照明の明るさの強度、時間の設定もできた。

Ｍｇくんは、小鳥用の巣箱（ヘビはそれくらいの広さの穴を休息の場所として好むのだ）や水を入れた容器、鶏の骨つき肉を乗せたバットなどを床に置き、ヘビたちを放した。

そのなかでヘビが自由に生活し、実験も行なわれていることを知った学生、教職員は、その部屋を**「ヘビ部屋」**と呼んだ。恐れと関心の感情があったにちがいない。

ヘビ部屋では実験以外にも、いろいろなことがあった（それについてはまたあとで）。

ヘビ部屋に入るときは、（大きなミミズ以外には）どんな動物にも恐ろしさなど感じない私でも、**ちょっとだけ緊張した。**

ドアを開くと写真のように、頭上からヘビが見下ろすように迎えてくれることがあるからだ。

あるいは、夜中に、暗くなった部屋のなかに入ってライトで照らすと次ページの写真のような感じで、やはりヘビが迎えてくれる。

「ヘビ部屋」に入るときはちょっとだけ緊張する。頭上から見下ろすようにヘビが出迎えてくれることがあるのだ

どちらの場合も、**「あの………、どうぞおかまいなく………」**といった気分である。

ヘビたちを放した最初のころ、三匹いたヘビたちの姿が、部屋から消えてしまったことがある。

Ｍｇくんがいろいろ探しまわった結果、ヘビたちはエアコンの、吹き出し口からなかに入ってじっとしていたそうだ。隙間をとおしてかすかに、ヘビの体表の鱗の模様らしきものが奥のほうに見えたのだ。

Ｍｇくんは大変苦労してヘビたちを取り出し、部屋にあった二台のエアコン全体を網で覆い、ほかにもヘビたちが入りそうな隙間を網で覆った。

夜中に暗くなった「ヘビ部屋」に入ってライトで照らすと、こんな感じで出迎えてくれる。あの………、どうぞおかまいなく

さて、ヘビたちがヘビ部屋での生活に慣れてきたのを見計らってMgくんはいくつかの実験を始めた。

そのなかの一つは、アオダイショウは、**まったくとっかかりがない、垂直に立てられた棒でも登ることができるのか？**（究極の登攀技術だ。これができればたいていの木には登れるはずだ）。もし登れるとしたらどんな技術で登るのか？　それをビデオに撮ってじっくり分析しよう、というものだった。

そのため、塩ビの板を床に立て、直径一・二メートル、高さ一・三メートルの囲いをつくり、その中央に、さまざまな太さ（直径が一センチ、二センチ、二・七センチ、三・三センチ、四・

ヘビ部屋にヘビを放した最初のころ、ヘビの姿が見えなくなったことがある。なんとエアコンのなかに入っていたのだ。それ以来、2台のエアコンを網で覆っていた

九センチ、五・五センチ、一一・五センチ）の、高さ一メートルの棒を立てた。棒は、プラスチックパイプの表面に、布を巻き接着剤でしっかり密着させたものだった。

そのなかに大きさの異なるアオダイショウを（そのころはヘビの数も七匹くらいに増えていた）一匹ずつ入れたのだ。

もちろん近くにビデオカメラを設置し、ヘビの行動を記録した。

その結果わかったことは次のようなことだった。

アオダイショウは、単に、**全身を棒に巻きつけて登るのではなく、**体の中間あたりで棒に、

アオダイショウはまったくとっかかりがない垂直に立てられた棒を登ることができるのかを実験するためにつくった装置

水平に体を強く巻きつけ、その部分を基点にして前半身を上部へ、垂直に近い角度で伸ばしていく。

　ある程度登ると、また水平に体を強く巻きつけ、その部分を基点にして前半身を上部へ伸ばしていく。その繰り返しによって、棒を、どこまでも高く登ることができる。


　次に、棒の中間あたりに、木片で小さな突起をくっつけた場合の、アオダイショウの登攀行動を調べた。

　その結果、アオダイショウは**じつに巧みに、その突起を利用する**

アオダイショウは単に体を棒に巻きつけて登るのではなく、体の中間あたりで棒に水平に体を強く巻きつけ、その部分を基点にして、前半身を上部へ伸ばしていく

ことがわかった。

突起がないときは、パイプの一部分に水平に体を強く巻きつけてつくっていた基点を（きっと大きなエネルギーの消費が必要だっただろう）、突起に体の一部を乗せる、というか、引っかけるだけでつくり出し、そこから前半身を上部へと伸ばしていった。

アオダイショウは、生息地では、巻きつき〝基点〟法と、突起利用〝基点〟法とを併用しながら、樹上での狩りを行なっていることが推察された。

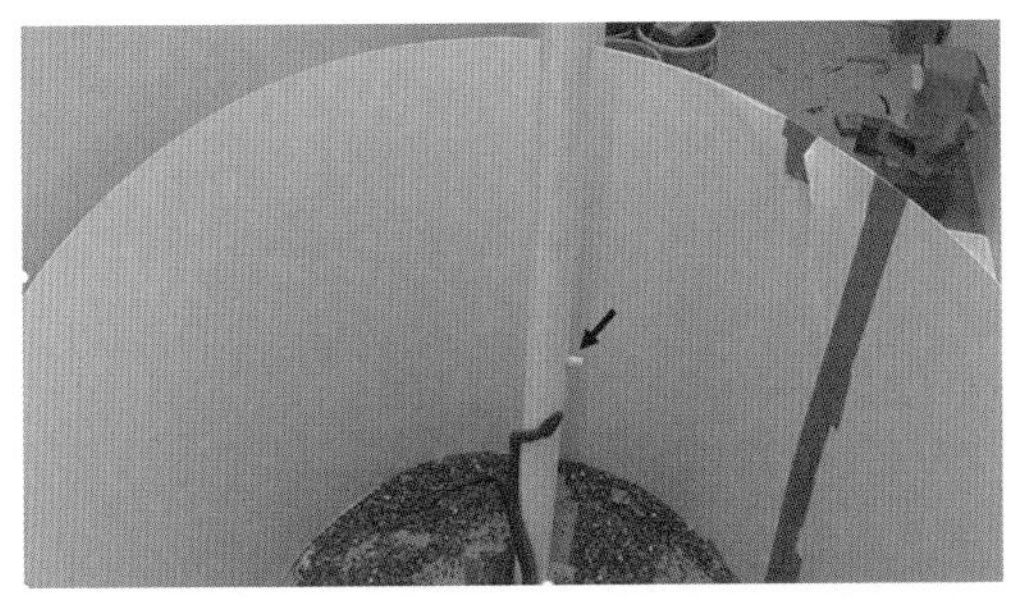

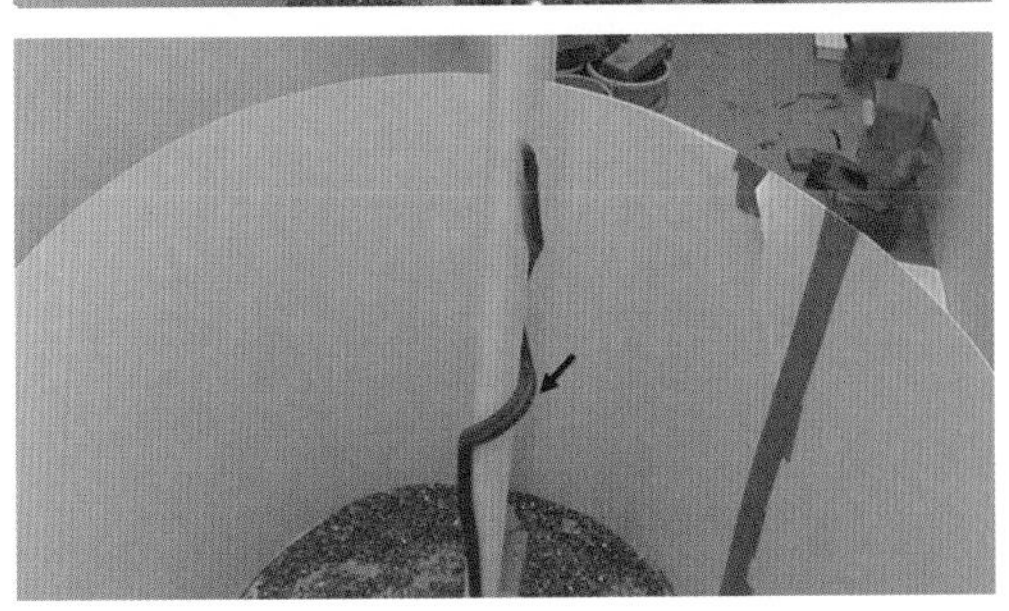

棒に突起（黒矢印の先）をつけた場合の登攀行動。突起に体の一部を乗せ、それを基点にして、前半身を上部へ伸ばしていく

巻きつき〝基点〟法の存在は、アオダイショウは、**突起がないような木でも自力で登れる**ことを示しており、全長が一七〇センチ程度の個体なら、少なくとも直径一一・五センチの結構太い〝棒〟にも登ることができた。

一方、シマヘビでは、巻きつき〝基点〟法はアオダイショウほどには発達していないことがわかった。したがって、〝棒〟が太くなると登ることができなくなるのだ。

全長と体重が同じアオダイショウとシマヘビで実験しても、直径が四・九センチ以上の、突起なし〝棒〟には、アオダイショウは登れるがシマヘビは登れなかった。

高所を好む性質についても両種では明確な差が見られ、ヘビ部屋の隅に立てかけておいた、上部に枝が残ったスギの木に登る頻度は（登って枝に体を横たえじっとしている）、アオダイショウのほうがずっと多かった。

ちなみに、アオダイショウの**平衡感覚には注目に値するものがある。**

実験用の〝棒〟の周囲を囲った塩ビの板（厚さ一・五ミリ）の、その縁の上を（！）落ちることなく移動することを好んで行なったのだ。ここにも、樹上での活動を支える、アオダイシヨウの**「細いところでもへっちゃらだ」**という（アオダイショウが実際に言ったわけではないが）気概、というか意欲のような習性と、運動能力を垣間見た気がした。

以下、実験以外の話だ。

ヘビ部屋では、アオダイショウの子どもも産まれた。

ある日、Mgくんが、**「ヘビが卵を産みました」**と言って、湿った水苔のなかに入った卵を持ってきて見せてくれたのだ。

さっそく、それが無精卵なのか有精卵なのか（なかで胚が成長しているのか）を調べるため、周囲を暗くしてライトを当ててみた。

すると、**おーっ、血管が見えるではないか。**有精卵

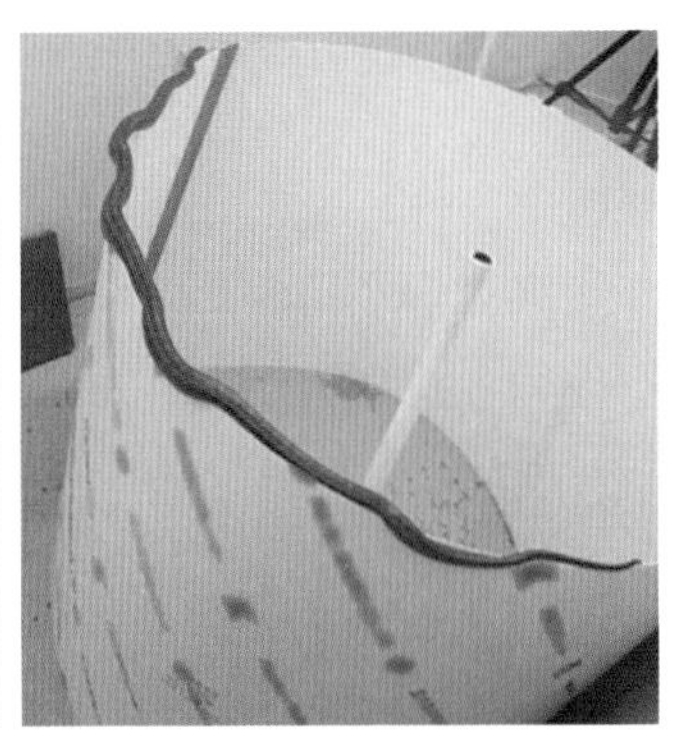

アオダイショウの平衡感覚には目を見張る。厚さ1.5mmの塩ビの板の縁の上を落ちることなく移動する

だ。

こうなると、**「誕生」に期待がふくらむ**。Mgくんには内緒で、時々、ヘビ部屋に行き、卵の様子を見させてもらった。

そしてやがて、**その日は来た。**

その日Mgくんと一緒に卵を調べてみると、なんと三つとも割れているではないか。水苔のなかを探すと、奥のほうから**小さな小さなアオダイショウが姿を現わした。**いや、感動的だった。

みなさんに迷惑とちょっとしたワクワク感も与えた。

偶然にも、そして不幸にも、実験研究棟全体の電気配線にかかわる配電盤が、ヘビ部屋の床の一部を持ち上げて入る地下空間にあったのだ。

委託業者の人が、配電盤にふれる必要が生じたとき、その方は、ヘビ部屋に入り、かつ、そのなかで作業することを、**「勘弁してください」**と言って嫌がったという。まーっ当然だろう。

一方、逆のバージョンもあった。

①水苔のなかに産みつけられた卵
②ライトの光で透かして見ると、血管が見えた
③卵に割れ目が入りなかは空っぽ
④水苔の奥から小さい小さいアオダイショウの子どもが

大学が委託している警備の業者の方のなかに、**一度、ヘビ部屋に入らせてほしい、**と強く希望される人がいるという話を聞いた。学生や大学職員のなかにもそういった人がいるという。きっとヘビが好きな人なのだろう。

学生については、ある日、二人が私の研究室に直接訪ねてきて希望を言ったので、見せてあげた。あいにくヘビたちは外には出ていなかったので、**巣箱を開けて、なかで休息しているヘビを見せてあげた。**

本人たちの将来にとって役に立つ経験になるかもしれない。満足して帰っていった。

いずれにせよ、ヘビ部屋はいろいろと人の心に刺激を与える力をもっているのだろう。

ヘビを見たいという学生が来たので見せてあげた。あいにくヘビは外には出ておらず、巣箱のなかで休息していた

以上でヘビ学生Ｍｇくんの、（卒業研究も含めた）話は終わりにして、次は、もう一人の、かなり個性的なヘビ学生Ｗｋくんの卒業研究の話だ。

Ｗｋくんの卒業研究のテーマは、ずばり「ヒトにおけるヘビ特異的認知回路の妥当性と回路の諸特性の分析」であった。なんか、かっこいいのだ。

本題に入る前に、Ｗｋくんのプロフィールみたいなものを少し紹介しておこう。

Ｗｋくんは動物（特に爬虫類と両生類、それらが餌にする動物たち）の飼育にかけては結構な技術と情熱にあふれた学生で、住んでいるアパートでは数種のヘビ（そのなかにはニシキヘビもいた）はもちろん、ヤモリ類、トカゲ類、そしてそれらの餌（おもに昆虫類）たちも、所せましと飼われているという。時々ゼミ室に連れて来られたり、Ｗｋくんが主催した大学内外のイベント（たいてい、Ｗｋくんが属する生物部の後輩たちが半ば自主的に、半ば強制的にサポートした）で展示されたりする動物たちを見ると、**「アパートでは、風呂も動物たちの飼育容器で占拠されている」**という友人たちの証言も十分に納得できる。

そのＷｋくんが夏や春の長期休暇で実家の山形に**帰省するときは……大変だ（つたらしい）。**アパートの動物たちを小さな容器に入れ、それらを大きな手さげバッグに詰めたり、肩かけバッグに入れたりして帰るそうだ。

ただし、それでも持ちきれない動物はいる（そりゃそうだろう）。

そんな動物は、**私も聞いて少々驚いた**のだが、Ｗｋくんのアパートの近くにある交番（家族が住める借家つきの交番だ）のおまわりさんや、そのご家族に預かってもらうのだ。

私も一度、預かってもらっていた動物たちを受けとるところにいあわせたことがあったが、Ｗｋくんならではの交友関係というのか……。

おまわりさんが「こち亀」の両さんだったら、動物

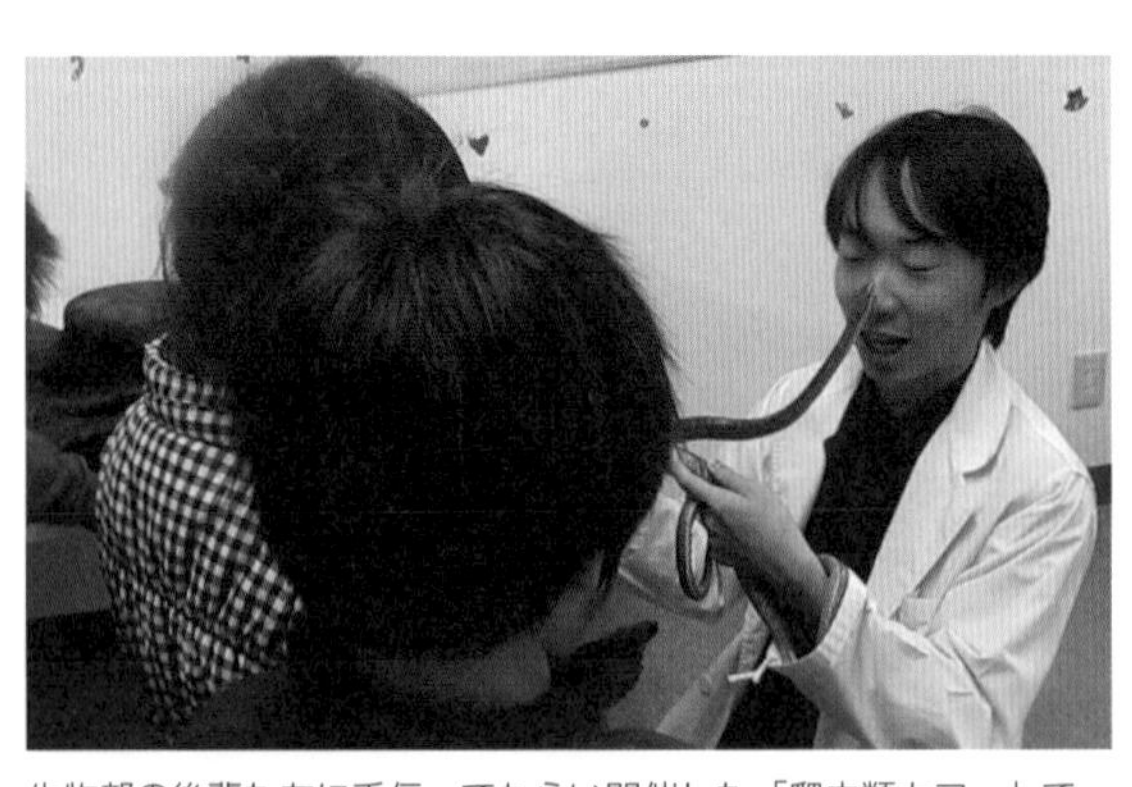

生物部の後輩たちに手伝ってもらい開催した「爬虫類カフェ」で、子どもたちにヘビの魅力を伝えているＷｋくん

たちは、きっと無事ではいなかっただろう。唐揚げとか姿造りなどになっていたかもしれない。

Ｗｋくんが、生物部の後輩たちに手伝ってもらい開催していたイベントに**「爬虫類カフェ」**があった。名前から、その内容については、大体想像はつかれると思う。

大学の駅前サテライトキャンパスの一室で、飲み物を提供し、まわりにヘビやヤモリなどを展示し、Ｗｋくんが中心になって、それらの動物の習性や体の構造についてさまざまな解説をしながら、特に子どもたちに、実物のヘビ（たいていはアオダイショウ）をさわってもらうのである。

ヘビは本来、ヒトに強い警戒心を湧き立たせる（つまり強い関心を喚起する）動物だ。Ｗｋくんの解説は

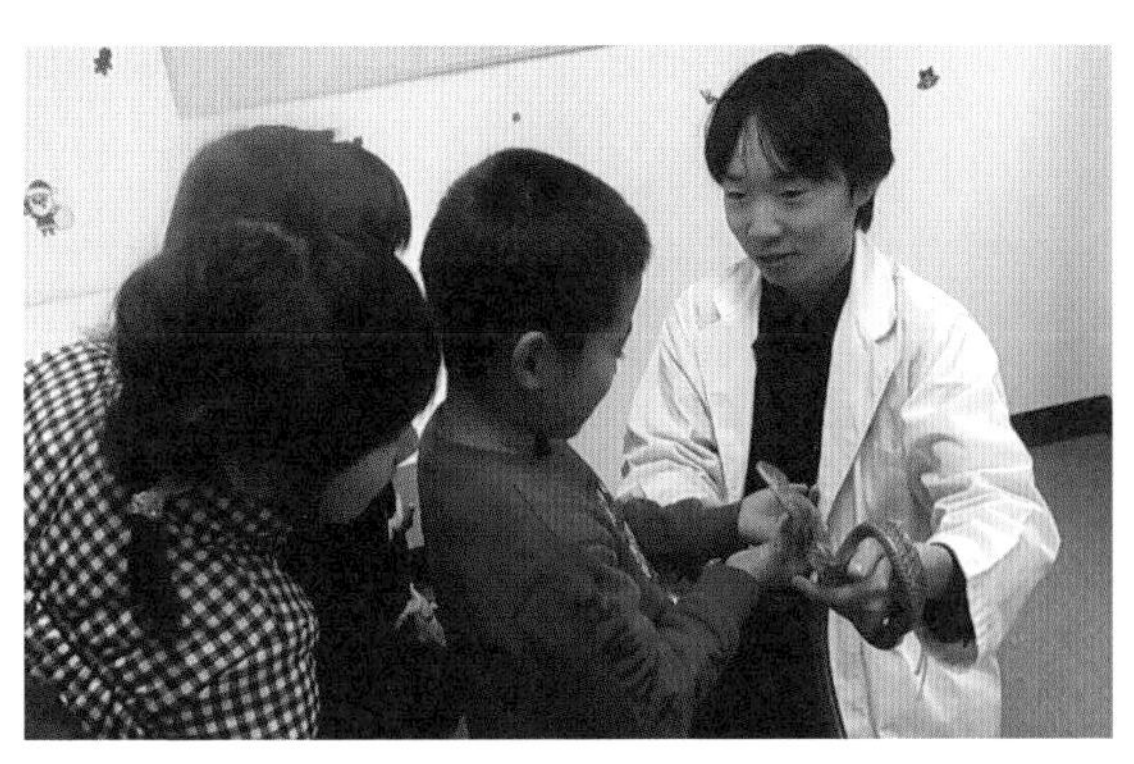

Ｗｋくんは、子どもたちの関心をうまく利用しながら、少しずつ警戒心を和らげ親近感を高め、最後はヘビにさわりたいと思わせるところまで心を変化させていく

なかなか上手で、子どもたちの関心をうまく利用しながら、少しずつ警戒心を和らげ親近感を高め、**最後はヘビにさわりたいと思わせる**ところまで心を変化させていくのである。

Ｗｋくんは、それが動物全般、ひいては自然への親近感の向上につながると考えていた。

そんなＷｋくんのイベントでの活躍は、いろいろなところから私の耳に入ってきた。大学に隣接する地域の区長さんから依頼を受けて、（ヘビも含めた）爬虫類ふれあいイベントを後輩たちとやったときは、イベント終了後、区長さんから私に電話があった。（ちょっと興奮気味に）**「いやー、若者はいいですねー。Ｗｋくんはすばらしいですねー」**

鳥取市が主催した科学関連イベントに参加したときは、そこを訪れた大学の同僚の先生のお子さんがＷｋくんのファンになり、その後、しばしば言うのだそうだ。

「またＷｋさんとヘビに会いに行きたい」

私の知らないところでもＷｋくんは活躍していたのかもしれない。Ｗｋくんに、地元のテレビ局のニュース番組から出演依頼が来たのだ。Ｗｋくんは、カメラにまったく臆せず、ヘビへの思いや、これまでやってきたイベントなどについて独特の語り口でしゃべっていた。ちなみに、私はＷｋくんが、ヘビとヒトの関係についての「動物行動学」を意識していたことを、その番組ではじめて知った。

私が一番感心したのは大学の情報メディアセンター内の図書館で、動物展示と本の展示を合体させた爬虫類コーナー**「目から鱗のライブラリー」**を、職員の人に提案して実現させたことだ。

Ｗｋくんが飼育しているヘビをはじめとした爬虫類を、本来の生息場所も考慮して〝内装〟した水槽に入れ、爬虫類の事典や解説本とコラボさせて置いたのだ。展示物

Ｗｋくんは、情報メディアセンター内の図書館で動物展示と本の展示を合体させた爬虫類コーナー「目から鱗のライブラリー」を提案して実現させた

の中心にはソファも用意し、実物を見ながら本を読めるようになっていた。

うん、なかなかアクティブな行動だ。いいじゃないか。**私は感心した**。

ただし、私の経験から言っても、こういう場合には起こりそうなことは起こるのだ。

そう、**ヘビが水槽から脱走**したのだ（私はあとから、司書の人から聞いた）。

それはまずかったにちがいない。逃げたヘビは、毒などまったくもたないアオダイショウだったが、こういった場所では、とにかく「ヘビが逃げた」のはとてもまずいことなのだ。すぐに**図書館は「休館だ！」**になったという。

これも私の経験からだが、ヘビが隠れる場所がたくさんある図書館のような場所でヘビが逃げたら、**まー、見つかることはきわめて、きわめてまれである**（ない！　と言ってもいいかもしれない）。たくさんの、重い棚を動かしたりできないことも理由の一つである。本の間を一カ所ずつ調べていくには、本が多すぎる。

しかし**奇跡的なことが起きた**。

朝、水槽の蓋が動いていて、なかにヘビがいないことが確認されてから、（休館して）昼になったころ、なんと、ビデオやCDが収められている、壁にくっつけられた大きな棚の隅からアオダイショウが顔を出していたというのだ。

それからのことは聞いていない。おそらくWkくんが呼ばれ、捕獲活動がとり行なわれたのではないだろうか。

とにかくアオダイショウは水槽にもどされ、休館は解除された。よくもまー、見つかったものだ。というか出てきてくれたものだ。

そして、**大学当局も偉かった。**Wkくんの**「目から鱗のライブラリー」は続行された**のだった。


さて、ヘビが水槽にもどったところで、Wkくんの話も本題にもどろう。

卒業研究の話だ。

Mgくんとはちょっと違って、どちらかと言うとインドア派ヘビ愛好家っぽいWkくんの特性を考慮して、次のような内容の研究をやってみることになった。

これまで調べられた霊長類はほぼ例外なく、ヘビを極端に怖がる。

毒ヘビや体長の大きなヘビによって命を落とす環境のなかにあって、自然淘汰は「ヘビを極端に怖がる」習性の個体が残るように作用してきたのだ。

このような現象と合致する細胞レベルでの研究も存在する。たとえば、ニホンザルの脳内神経系の活動を調べる研究は、彼らの脳内に、**ヘビの姿に激しく反応する神経（ヘビニューロン）が存在**することを明らかにしている。

一方、われわれヒトでも、文化、風土などが異なる世界各地の人々を対象にした研究で、ヘビは、動物のなかでダントツに怖がられる動物であることがわかっている。

もちろん生物現象なので、ヘビを怖がらない人もいるのは当たり前だ。Ｗｋくんや私もヘビは怖くない。ただし（Ｗｋくんとも話をするのだが）われわれでも、野外で、突然、ヘビに出合ったら、一瞬、ビクッとする。

ヒトの脳内にも、ニホンザルなどで確認されているヘビニューロンが存在する可能性は高い。

アメリカの心理学者Ｖ・ロブー氏たちは、次のような方法で、ヒトの脳内のヘビニューロンの存在を支持しようとした。

われわれホモ・サピエンスの本来の生活環境、つまり狩猟採集生活（われわれの脳はその環境に適応していると考えられる）において、われわれは、草花の隙間に見え隠れするヘビの姿を素早く見つける視覚系（その中核がヘビニューロンだ）をもっていたほうが有利だっただろう。

ロブー氏たちはパソコン画面を縦三等分、横三等分し、九個の小区画をつくり、そのなかの八区画に花の写真を、一区画にヘビの写真を割りあてた。また、それとは逆に、八区画にヘビの写真を、一区画に花の写真を割りあてた画面もつくった。そして、それぞれの画面を子どもや大人に見せ、できるだけ早く、前者の画面ではヘビを、後者の画面では花を見つけて指で押さえてもらった。

画面を見てから、ヘビあるいは花を見つけるまでの時間は、それらを指で押さえるまでの時間に反映されると考えられるので、より早く押さえたということは、より早く見つけた、と見なされるのである。

結果は、花のなかのヘビは、ヘビのなかの花より明白に、早く見つけられる、ということを示していた。

さて、Ｗｋくんが調べたのは次のようなことだ。

ロブー氏たちが明らかにしたのは、必ずしも「ヒトの視覚系がヘビの発見にすぐれている」ということではなく、「ヒトの視覚系が動物の発見にすぐれている」ということかもしれないではないか。

つまり、「ヒトの視覚系がヘビの発見にすぐれている」ことを示すためには、「ヒトの視覚系はヘビ以外の動物の発見については特にすぐれてはいない」ことも示す必要があるのではないか、ということである。

じつは、（あとでわかったことなのだが）ロブー氏たちの研究のあと、ほかの研究者も、ロブー氏の実験を追試したり（ほぼ同様な結果を得ている）、ヘビの写真のかわりに魚の写真を使った実験を行なったりしている（魚の写真の場合は、つまり花のなかの魚は、特に早く発見されることはなかった）。

一方、Ｗｋくんが〝画面〟上で使った動物は、「ヘビ」（ロブー氏の結果の確認のため）、そして「クモ」と「カエル」だった。「クモ」と「カエル」を使った場合についてはまだ調べられていないし、クモはヘビの次に（世界各地共通して）怖がられる動物であり、ヘビと並んで特定恐怖症（高所恐怖症、閉所恐怖症といった神経症の一種）の対象になりやすい動物でもある。私はあえて、すでにかなり実験を進めていたＷｋくんに、「二番煎じだからやめたほうがいいかもしれない」とは言わなかった。

どんな結果が出るか様子を見ようと思った。

そして、おもに大学生を被検体にした実験により、**「花のなかのヘビは、ヘビのなかの花より素早く見つけられる」**ことは確認され、ちょっと驚いたことに、クモについても、**「花のなかのクモは、クモのなかの花より素早く見つけられる」**という結果が得られた。一方、カエルについては、花のなかのカエルがより早く見つけられることはなかった。それはそれで**興味深い結果**だった。

これが、ヒトにおいて安定した特性なのかどうかを確認するためには、さらなる実験と検討が必要だが、卒業研究の期間では無理だった。

ほかにもＷｋくんは、（黒塗りの図形という条件をつけた場合）**どういった形の図形が、見た瞬間に「ヘビだ！」と思わせるか**について調べる実験も行なった（動物行動学では、そうい

Wkくんが実験で使ったコンピューター画面上の写真
①花のなかのヘビ
②ヘビのなかの花
③クモのなかの花
④花のなかのクモ
⑤花のなかのカエル
⑥カエルのなかの花

った図形のことを鍵刺激と呼ぶことがある)。その実験に加え、われわれが自然界で出合うヘビはどんな姿の場合が多いか、をインターネットのなかの画像をランダムに探すことによって調べた。

おもに渦巻きとS字という二タイプを基調にしたさまざまなデザインの図形を、大学生を中心に見てもらい実験したのだが、結果は次の通りだった。①「ヘビだ!」と思わせる効果が強いのは、**緩やかに曲がったS字の図形**だった。②インターネットにあげられている、自然のなかのヘビの形で最も多かったのは、急な角度でS字に曲がった図形に一番近い姿のものだった。

まー、このようにして、二人のヘビ学生は、ヘビと深くつきあう二〜四年間を過ごして卒業していったのである。

ヘビ部屋は、しばらくは空き部屋だったが、一時的にコウモリ部屋になり、今は甲虫部屋になっている。

図書館では、爬虫類コーナーのあと、しばらくしてヤギコーナーがつくられた(さすがに本物のヤギはいなかった。ヤギ部がヤギのパネルなどでデコレーションして、ヤギに関する本を置いた。私が書いた本も数冊あった。よしよし)。

私？　私は、卒業研究でのヘビとのつきあいはなくなった。でも、ヘビはアオダイショウの「アオ三世」を飼育している。

ヘビを対象にした研究ではないが、ニホンモモンガやコウモリ類の対捕食者行動を調べる一環として、**ヘビにはなにかとお世話になっている**のだ。

そうそう、**最後に私は宣言しておかなければならない**ことがある。それは、「私はヘビの研究者……ではない」ということだ。

確かに、ヘビ以外の動物の研究のために、なにかとヘビに手伝ってもらうことは確かだ。でも、ヘビの研究者ではない。

とにかくヘビはヒトに強い印象を与える力をもっているようで、研究に少しでもヘビが出てくると、それを聞いた人は、私を「ヘビの研究者」として記憶に残すようだ。

とはいえ、ヘビに手伝ってもらっている年数はかなり長い。それなりにヘビについての知見は増えてきた。それに、どちらかと言われれば………、**ヘビは好きだ。**

まー、そういうことで。

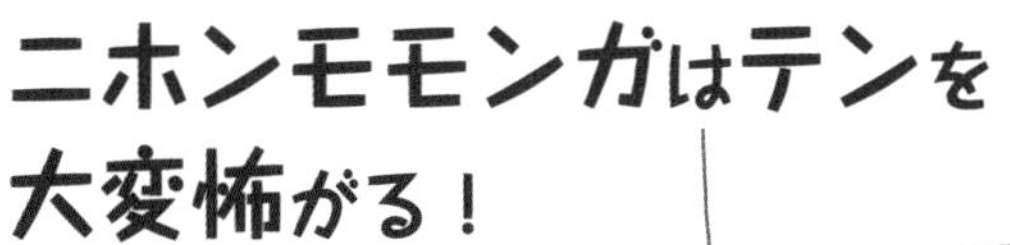

テンはモモンガの巣箱の
出入り穴を齧って
なかに侵入するのかもしれない！

本章のタイトルを見て、先生！シリーズの前巻『先生、アオダイショウがモモンガ家族に迫っています！』で、「モモジロコウモリはテンを大変怖がる！」という話があったじゃないか？　コウモリがニホンモモンガに変わっただけじゃないか……**と、言ってはいけない。**

コウモリがテンの体臭を怖がるという発見は、そもそも「コウモリ類の対捕食者行動の報告がこれまでまったくない」と言っていいくらいの、世界のコウモリ研究のなかにあって、じつに画期的なことだったのだ。そして、モモンガ類に関してもそうなのだ。

前回の本で、「ここからどんな展開が起こるのか⁉（それは来年の本に書く！　かもしれない）」と書いたのだが、まだその〝展開〟を論文にしていないので、もう少し待っていただきたい。**イヤ、面白かった。**

ニホンモモンガvsテンについては、まだまだ実験を始めた段階で、ここまでの情報なら公表しても大丈夫なので、ここで書こうと思うのだ。

もう一つ事情を説明しておくと、ニホンモモンガもコウモリも、空飛ぶ夜行性の哺乳類だ。だから捕食者がよく似ているのである。一つは……フクロウ。そしてテンも両者を捕食しているらしいのだ。だから、よく似たタイトルになってしまうのだ。

さて、まずは、毎年行なっている、鳥取県智頭町芦津の森、すなわち、モモンガの森での学生実習の話から始めることにしたい。ニホンモモンガvsテンを調べようと思ったきっかけにもなった実習でもあるので。

簡単に、実習「芦津の森でのニホンモモンガを中心にした動物の生態の調査」（そういう名称の実習にしている。一晩は芦津のコミュニティハウスに泊まる）とは言っても、毎年そのために、器具の用意はもちろんだが、数回、現場を訪れて下見をしておくのだ。実習地は、車で片道一時間半くらいかかる標高八〇〇メートルくらいの森や渓谷である。自然は刻々変化する。災害で、実習の日に、学生たちを乗せたバスが現地まで行けないこともある。そんなことも含めて、前もって調査地の状態を把握しておかなければならないのだ。

そういった**涙ぐましい準備があってはじめて**実習は成立しているのである。

二〇一九年四月の終わり、私は、一週間後の実習の下見のため、現地、つまり芦津のモモンガの森に来ていた。四月のモモンガの森は空気が澄んでいて気持ちいい。しかし、そのときの私は、もう一カ月近く続いていた体の不調で、思うように頭と心と体が動いていなかった。つらい時期だ。

でも、そんなことは言っておれない。

まずは、実習の最初のメニューである「標高八〇〇メートルの高地で生きるアカハライモリの地域型の確認と行動の観察」の場所の下見だ。


その場所は、谷川の本流の水に由来すると思われる伏流水（地下水ほどには深くない地面の下を移動する水）が、谷川にそった森の木立の間にわいてできた、一平方メートルほどの広さの水場である。そんな水場が二つあった。

毎年その水場で、早春から始まる雄の雌に向けての求愛行動や、人の手につかまれたときに行なう赤い腹の誇示行動を、学生たちに観察してもらっていた。

そして、腹の模様から〝地域型〟（同じ種類

2018年の実習のときの様子。伏流水が谷川にそった森の木立にわいてできた1m²ほどの水場で、アカハライモリを調査・観察する

であっても日本の地域によって遺伝子に差があり、体の形態や行動などの特性に一部、違いがあるのだ。その現象を地域変異と呼び、それぞれの地域のタイプを〝地域型〟と呼ぶ）の確認をしてもらっていた。

鳥取には鳥取以西の広島型と、鳥取以東の篠山型が出合う形で生息し、雑種も生まれている、という可能性が指摘されている。実際に、その調査地では広島型と篠山型、そして両者がまじった雑種のような腹模様の個体も見られた。

これまでは、実習のはじめに、モモンガ調査の前菜のような感じで、アカハライモリ調査を行ない、そのあと、きれいな水ときれいな空気を育んでいる森の谷あいで、それぞれ思い思いの場所に腰を下ろして昼食を食べていた（54ペ

鳥取に生息するアカハライモリには「広島型」と「篠山型」が混在している。この腹模様は「広島型」と呼ばれている

ージの写真は、その前の年〈二〇一八年〉の、そこでの実習の様子である）。

ところが、私が実習の下見に行った二〇一九年四月の終わりには、その谷あいの**水場はまったくなくなっていた。**涸れはててスギの葉が散在していた。もちろんあれだけいた**アカハライモリは一匹もいなかった。**

私は**えっ！　と思った。**オーマイガー！　と叫ぶほどの元気さもなかった（私は不調だったのだ）が、これは困った、と本心から思った。

なんで？　という気持ちで谷の具合を見てまわった結果、次のようなことがわかった。

昨年、鳥取県を襲った記録的な豪雨で、谷川の道筋が大きく変化し、おそらく谷川からの伏流水の走行も変わったのだろう。

これは誤算だ。

プログラムの再構築を考えなければならない（そんな大げさな！　と思われる読者の方もおられるだろう。しかし、私は、性格が大雑把に見えて、じつは、自分がこれは大事だと思う点については、効果を考えぬきながら**とても綿密に計画を立てる人間なのだ。**間違いない）。

そんな気持ちを抱えつつも、その後の実習予定の場所を見てまわった私を、**第二の誤算が襲**

った（そんな大げさな！　と言われるかもしれないが、弱った心には、またまた大きな壁のように思えたのだ）。

消えた〝アカハライモリ水場〟から車で五分ほど移動したところにある、水生動物の調査をする予定の谷川が、こちらはさすがに消えてはいなかったが、やはり〝昨年、鳥取県を襲った記録的な豪雨〟のせいだろうか。上流から流れてきた大きな石や土砂によって姿を変えていたのである。

この場所は、実習の二日目に、ニホンモモンガも含めた森の生態系を、総合的に考えるときに必要な知見を教えてくれる大切な場所だったのだ（下の写真は、その前の年の、そこでの実

「アカハライモリ水場」から車で5分ほどのところにある谷川で水生動物の調査をしている

習の様子である)。

河川調査で定番の、さまざまな種類のカゲロウの幼虫、カワゲラの幼虫、トビケラの幼虫はもちろん、サワガニ、ヘビトンボの幼虫、各種ヤゴ類、サケ類やタカハヤ、ハゼ類などの魚類、そしてブチサンショウウオ、ハコネサンショウウオの幼生など、まーとにかく、森の陸地の動植物と物質のやりとりをしながら生きる動物たちがたくさん採集できたのだ。

昼には谷川の両わきに広がる草地で、大きな鍋にレトルトカレーを入れて温め、朝宿で炊いて持ってきたご飯にかけて食べることが、実習の伝統になっていた（私が、半ば強制的に、伝統にした）。とにかく気持ちよい場所だから。

そんな谷川が、中央に土砂や大きな石が堆積し、分断され、急な流れの谷川に変わりはてて……。

さらに暗い気持ちになって、私はそれでも不安を胸に押しこめて、実習の中心の一つであるモモンガの巣箱を設置しているスギ林に向かった。スギ林は、〝変わりはてた〟谷川のすぐそばにあった。

巣箱はしっかりしているか、幹につけた番号標識のテープは取れていないか……いろいろ点検しながら木々の間を歩いていくのだ。もう夕闇が迫りつつあった。

と、そのときだった。

私は視野の隅で何かが動いたような気がして、その〝隅〟のほうに顔を向けた。

するとどうだろう。

数メートル離れたスギの幹に、ニホンモモンガがいるではないか。それも二匹！

一匹は地上三メートルくらいの場所に、もう一匹は五メートルくらいの場

振り向くと、視線の先に2匹のモモンガがいた。写真には1匹しか写っていないが、もう1匹はもう少し上で、同じような格好をしてじっとしていた

所で、幹にしがみついている（ちなみに、彼らの手足の指は長い！　はじめてマジマジと見たときには、そのかわいい容姿に似合わない厳(いか)つい指にちょっと驚いた。きっと幹に着地して表面を素早く登ったり幹にしがみついたりする必要性に適応した、ある意味、野生のたくましさを見せつける美しさだ、と感慨にふけった。そう、生きるとは、こういうことなのだ）。

　彼らがしがみついているスギの幹のさらに上方には、巣箱が取りつけられていた。この巣箱を共同利用する二個体の可能性が強い。とっさに私はそう思った。ニホンモモンガは、一つの巣に、親子とか兄弟姉妹ではない、いわば見知らぬ個体同士が同居することがあるのだ。単独性の社会で暮らすと考えられている哺乳類のなかで、異例の習性である。

　そんな二匹が、どういう理由か、どういう気分だったか、とにかく、そろって私の前に姿を見せてくれたのだ。**こんな出来事はそうそう起こるものではない！**

　彼らの姿は、沈んでいた私の心を、**パッと明るくしてくれた。**大げさに言えば、**耐える気力を与えてくれた。**

　今年も実習でモモンガに会えるぞ。学生たちにモモンガの姿を見せてあげることができるぞ。そういった、実習の下見での最も大切な収穫を得たような気分になったのだ。

　実習では、ニホンモモンガが好む植生や標高などについての調査、夜、巣箱から出ていく行動の観察などを計画していたが、何やらうまくいきそうな気がしてきた。最低限、モモンガの野生の姿を見せられる可能性が高くなった。

私は二匹のモモンガを驚かさないように、ゆっくりと静かにその場を離れた。

消えた〝アカハライモリ水場〟や分断され乱された〝広くて緩やかだった谷川〟のことは、高い壁とは感じられなくなっていた。

ちなみに私の場合、こんなふうに、**沈んだ心を野生の動物たちが元気にしてくれた**ことは、これまでにも時々あった（そんなときの体験は、よほどうれしかったせいだろう、物忘れの激しい私の脳も細部まで鮮明に記憶している）。

絶滅危惧種であるスナヤツメの研究を始めて間もないころ。

夏の暑い日々のなかで、重なった仕事をなんとかこなしたものの、いつまでたっても心と体が回復しない。まだまだ仕事は残っている。頭のなかでいろんな雑念がぐるぐるまわり、不安がもくもくわいてくる。そんなとき、たも網とバケツを車に積んで家から三〇分くらいのところにある川に出かけた。彼らの、新しい生息地を見つけるべく、調査地を拡大していたのだ。

当時の私の仮説、「樋門前の浅瀬の水場は、スナヤツメの残り少ない生息地になっている」を検証すべく、条件に合う樋門前で一心不乱にたも網を振った。あきらめかけたとき、すくった網に、体の一部を輝かせながら動きまわる彼らの姿を見たときの気持ち。**これでいいんだ。今は耐えるんだ……**みたいな。

コウモリ類の研究を始めたころ。

暑さも苦手だが寒さも苦手だ（要するに虚弱体質なのだ）。毎日毎日、片づけなければならないデスクワーク、まわらない頭、なんとも言えない不安な、憂鬱な日々。

そんなとき、だるい体を動かして車に乗りこみ、大学の近くにある山の麓に掘られた隧道に行った。私が、特に好きな、でもなかなか会えないコウモリ、モモジロコウモリが時々冬眠している場所だ。

道のわきに車を置き、田んぼを通り、薮をかきわけ、隧道の入り口に着く。

少し頭をかがめながら入っていくと、まっすぐに続く隧道のずっと向こうに出口が、小さな円形の光として見えている。

薄くしたライトで天井を照らしながら、一〇センチほど底にたまった水を長靴でかき分けるようにしながら進んでいくと………、**いた！　いてくれた！**

天井の劣化したコンクリートの割れ目に、三匹のモモジロコウモリが、寒さに耐えるように体を寄せあってしがみついている。

こんなとき、うれしいのだ！　**私だけの経験に裏打ちされた私だけの発見。**今、生粋（きっすい）の野生動物の生きざまと時間を共有している。その姿は私に、モモジロコウモリについての、新しい知識を与えてくれる。これでいいんだ。今は耐えるんだ。


日本海の潮だまりで出合った小さなタコ。大学のヤギの放牧場につくられた巣穴の前で出合ったキツネの子どもたち（普通、ここ、怖がって巣穴に逃げこむところでしょ。でもリラックスして私を見ていた。時々、後ろ足で首の毛をかいたりして………）。


そして実習の当日になった。

実習の詳しい内容は省かせていただくが………。

消えた〝アカハライモリ水場〟のかわりは、その後、周辺を歩きまわり、そこにいたアカハライモリたちが移動してきたのだろうと思われる、スギがまばらに生え、一面コケで覆われた湿地帯のなかの水場が役割をはたしてくれた。学生たちに、消えた〝アカハライモリ水場〟の話もしながら、求愛行動や赤い腹の誇示行動、〝地域型〟の識別を体験してもらうことができた。

分断され乱された〝広くて緩やかだった谷川〟については、分断されたままでやることにした。谷川の岸辺を中心に、水が滞留しているところをねらって網を入れてもらうことにした。予行的に私自身が試してみると、そこそこ水生動物たちは採集できることがわかったのだ。そして本番でも、学生たちの網には、谷川内の生態系の断面を、また森の生態系とのつながりを示してくれる水生動物たちがたくさん入ってくれた。

モモンガの、夜の「巣箱から出ていく行動の観察」もうまくいった。

ニホンモモンガは、夜、活動を始めるとき決まって、巣穴から顔を出し、五分から、長いときは三〇分近く、じっと〝下界〟を見渡すのだ。安全確認だろうか？　正確な理由はわからない。

実習のときは一〇分くらいだっただろうか。じっと下を見渡していて、やがて体を巣から出して、幹を上に登っていった。幹の途中から姿は見えなくなった。

昼間の巣箱の点検でも、植生の違いによるモモンガの生息の違いははっきり認められた。ミズナラやブナといった広葉樹の林が隣接したスギ林のほうが、モモンガが巣箱に入っていることが多いのだ。

ところで私は、その実習で、これまで考えたことがなかったあるアイデアを、学生との会話のおかげで得ることになった。

そのアイデアというのは次のようなものだった。

これまでの調査で何度も出合ってきたのだが、

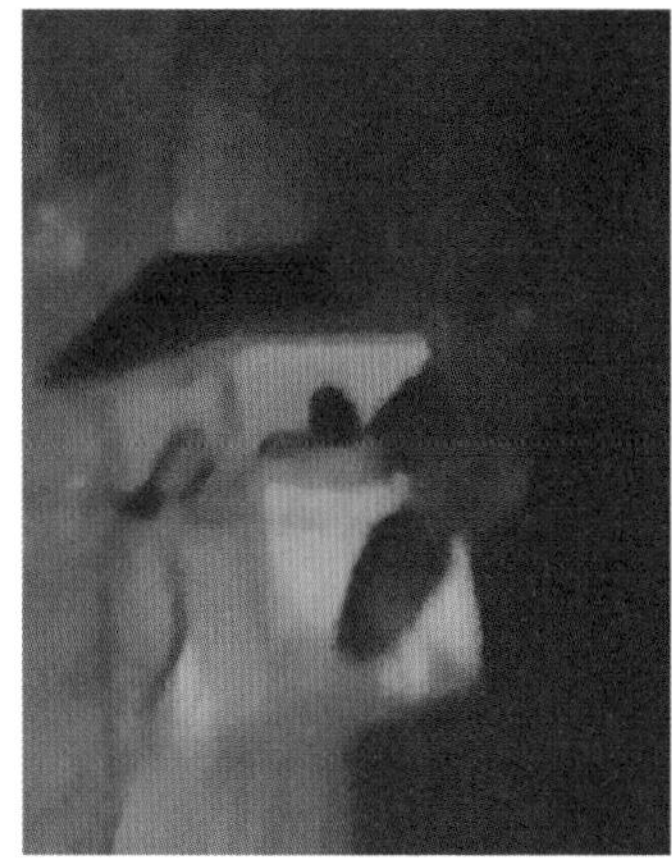

夜、モモンガは、活動を始めるときに必ず巣穴から顔を出し、5分から30分下界を見渡す。写真の個体は10分ほどで巣を出て、幹を上に登っていった

スギの木に設置したモモンガのための巣箱のなかには、**巣箱の穴の周囲が、何か強力な力で齧りとられている**ものがあった。

　もちろん穴は、モモンガが出入りするためのもので、直径が四センチ足らずの小さい穴である（穴が大きくなりすぎるとモモンガは巣箱を使わなくなる）。それが、強引に齧りとられて七センチ四方の四角な形になっていることもあった。

　そして、穴が齧られて大きくされた巣箱の下には（つまり、巣箱をつけている木の根もとには）、しばしば巣箱のなかにモモンガがためていたと思われる**巣材が散在していた**のである。

　その場面を見て、私はそれまで、これはム**サ**

日中行なった巣箱の点検。ミズナラやブナなどの広葉樹の林が隣接したスギ林のほうが、モモンガが巣箱に入っていることが多い

サビの仕業だろう、と思っていた。

モモンガの調査地では、生きたムササビには出合ったことはなかったが、ムササビの頭骨（かなり古くなってはいたが、間違いない！）を拾ったことがあった。

さらに、調査地に隣接する、スギも混生する天然林では、ムササビの子どもの死体が二個体見つかっていた。

私が見つけたわけではなく、智頭町の役場の方が見つけられて、モモンガの子どもではないかと、大学に届けてくださったのだ。

もちろん私くらいの動物行動学者になると、それがムササビの子どもであることはすぐわかった。本州では、通常は、低地にムササビ、高地にモモンガという具合に、棲み分けて分布する両者が、芦津の森では共存しているのか、と心揺さぶられた私は、ムササビの子どもがどんなところに落ちていたのか知りたくなった。

すぐ役場に連絡し、子どもたちを拾った方に頼んで、現場に案内してもらった。

大きなスギの木の根もとあたりだった。

こんな体験もふまえ、私は想像したのだ。

ムササビがモモンガ用につけられた巣箱に出合い、**「おっ、これは巣として使えるかもしれない！　でも入り口がせまくてなかに入れないなー。よし、広げよう」**、ガリガリガリガリ……みたいな。

そしてなかに入れるようにはなったが、いざ入ってみると**「なか、ちっさ！　こりゃ使えんわ」**（ムササビには、モモンガ用の巣箱はあまりにも小さすぎる。モモンガは成獣が一五〇グラム程度。ムササビは一〇〇〇グラムくらいある）となって、どこかへ行った。

そのときの実習でも、〝齧られて穴が拡大された〟巣箱があった。巣箱が設置されたスギの木の根もとには、かなりの量の巣材も落ちてい

モモンガの巣箱の出入り口の穴が何者かによって齧りとられて強引に広げられている。いったい誰の仕業だ？

た。

私は、その巣箱を取りはずし、ハシゴをつたって下におり、学生たちに聞いた。

「なんでこんなことになったと思う？」

学生たちからの返事はない。

無理もないだろう。学生たちは、このあたりにムササビもいることを知らないのだから。私は得意げに説明した。

「これは多分、ムササビが、自分が巣箱を使おうとして入り口を広げた跡だと思う」

すると、学生の一人が、木の根もとの巣材に気がついたのだろう、こう言ったのだ。

「先生、なぜ巣材が下に落ちているのですか？

ムササビが落としたのですか？」

……むーっ、よく見ている。重要なところ

そしてその巣箱が取りつけられた木の根もとには、巣箱のなかにあった巣材が落ちていた

をついてきた。入り口が齧られた巣箱の下に常に巣材が落ちていたわけではないので、それまで、両者のつながりをよくよく考えてみたことはなかったのだ。

「いい質問だ。私にもわからない。ムササビが巣材を落とす必要なんてないよなー。君はどう思う？」

学生は何も言わなかった。でもそのとき、**私の創造性の塊のような脳が動いたのだ。**

テン⁉

テンが入り口を齧ってなかに入り、巣材をかき散らしてモモンガを襲った⁉

ニホンモモンガについてはまだ研究が進んでいないが、エゾモモンガについては、クロテンが捕食者であることを示した論文がある。

また、私も出演したNHKテレビ番組「ダーウィンが来た！『スギが大好き！ニホンモモンガ』」（二〇一七年九月放送）では、芦津調査地のモモンガの巣穴まで登ってきたテンが映されていた（ちなみに、ニホンモモンガの第一の捕食者と考えられる〝フクロウ〟も、巣穴のすぐ下にとまって、モモンガが出てくるのを待つかのようにかまえている映像もあった）。

さらに、調査地のなかでは、テンのものと思われる糞が見つかることがあった。

これらのことを総合的に考えると、「テンが入り口を齧ってなかに入り、巣材をかき散らしてモモンガを襲った⁉」という私のアイデアも可能性は十分あるのだ。

そして、それが、本章のタイトルにつながるのである。もし、テンがニホンモモンガの数少ない捕食者の一つであるとしたら、進化は、ニホンモモンガによるテンの認識と防衛行動を促すだろう。**じゃ、実験をしてみよう、**ということになったのだ。

実習からもどった私は、さっそく、実験の準備を始めた。

どういうわけか実験室の冷凍庫のなかには、数週間前に車に轢(ひ)かれてしまったテンとハクビシンの死体があった。ついでにアナグマの死体もあった。

モモンガの調査地では、テンのものと思われる糞が見つかることもあった

コウモリの実験を続けているときであり、知り合いにも頼んで、**これらの動物の新鮮な（交通事故関連の）死体を集めていた**のだ。

ニホンモモンガの実験でもそれがそのまま使えた………、というわけだ。

実験の方法は、コウモリの場合と同じ、T字型通路を使った。もちろん大きさは違う。ニホンモモンガの習性などを考え、ニホンモモンガの実験に合った長さ、広さにした、特注のT字型通路をつくった。

そして、まずは、〝解凍した〟テンとハクビシンの体を、そのまま、T字型通路の両翼にくっつけたケージの底面に置いた。次は、T字型通路の中央通路の入り口を、実験室内でモモンガを飼育するときに入れておくケージの入り口につなげ、………あとは、ビデオにまかせて実験室を去る（なんて言ったってモモンガは夜にならないと出てこないし、出てくる時間もわからない）。ビデオは二〇時間以上の連続撮影モードにしておく。

テンとハクビシンの体をそのまままるごと提示したのには次のような意味があった。

私はたいていの実験でそうするのだが、まずは、仮説（この場合の仮説は「ニホンモモンガは、彼らにとっての捕食者であるテンを、捕食者とはなりえない、系統的に異なる哺乳類より明らかに警戒し、近づこうとしない」）を、それが正しければはっきり現われる状況にして試してみる。

テンとハクビシンの体をそのまままるごと提示すれば、これほど大きな手がかりはないわけで、仮説が正しければ、テンに対し忌避反応を示すはずだ。もしこの実験で、テンへの忌避反応が見られなければ、仮説は、もう完全に捨て去るべきだろう。

忌避反応が見られたら、次の段階として、反応している刺激の正体（たとえばテンの体毛からの揮発性の化学物質、とか）を探っていけばよいことになる。

さて翌日の朝、私は**ワクワクしながら、ビデオに写っているモモンガの行動を、再生**しながら見つめたのだ。

おっ、やっとモモンガが巣箱から出てきた。**おっ、**通路に入った。………みたいな感じである。

そして、**結論から言うと、**（ここで、やっとタイトルが登場する）「ニホンモモンガはテンを大変怖がる！」のだ！

T字型通路の分岐点で、はじめ、テンの死体が入っているケージの側に曲がったモモンガが、通路の出口から顔を出したときの反応は忘れられない。おそらくニオイを一瞬嗅いだのだろう。**ひっくり返るように身を翻して**通路をもどり、T字の中央通路の途中でうずくまるように止まった。

おおっ！　と心のなかで叫んだ。

それから、それから………。

私は、もう巣箱のなかに逃げこんでしまうのかと思った。というかそういった反応を期待した。**しかしそうはならなかった。**

モモンガはしばらくじっとしていたあと、再

右側のケージ内のテンのニオイを一瞬嗅ぐ行動を見せたあとあわてて引き返し、左側のハクビシンのニオイを近づいて嗅ぐモモンガ（矢印の先）

び T字の分岐点のほうへゆっくり進み、今度は、ハクビシンの側へ曲がり、出口から顔を出しニオイを嗅ぎ、こちらではだんだんと身を乗り出していった。

ハクビシンの体表にくっつくくらいまで鼻を近づけ、しばらくニオイを嗅いだあと、通路をもどって、自分の〝棲み家〟ケージに入り、そこでケージ内を活発に動きまわり、はっきりとは確認できなかったが、スギの葉やヒマワリの種子を食べていた。

そして、しばらくして再びT字型通路に入っていき、ハクビシンの側に曲がり、身を乗り出してニオイを嗅ぎ、また〝棲み家〟ケージにもどっていった（以後、テンのケージの側には一度も曲がらなかった！）。

右ページの写真の矢印部分を拡大したもの。ハクビシンのニオイを鼻をくっつけるくらい近づいてしばらく嗅ぎつづけた（矢印の先）

その後、そんなことが三回続いたあと、モモンガは、ハクビシンの死体が置いてあるケージに完全に入り、側面や天井を移動しはじめた。そしてしばらくしてまた、〝棲み家〟ケージにもどったのだ。

〝棲み家〟ケージ、時々〝ハクビシン〟ケージ……を繰り返したあと、モモンガが活動する夜も終わり、モモンガは巣箱に入ってもう外には出てこなかった。

まだ実験は始まったばかりだが、私は、ニホンモモンガはテンを、おそらく体からのニオイで識別し（ある程度近づかなければならないようだが）、忌避反応を示す特性をもっていると確信している。

研究を続けたい。

さて、本章も終わりだ。

最後に、場面は、実習二日目の昼の、分断され乱された〝広くて緩やかだった谷川〟の岸辺にもどる。水生動物の調査と私の解説が終わり、レトルトカレー＋宿炊きご飯の昼食になった場面にもどりたい。ここでちょっと感心した小さな出来事に出合ったのだ。

私は、レトルトカレーを、自分の分以外に三つ持っていった。それは私自身のこれまでの経験が無駄にはなっていない証であった。

「実習ではレトルトカレーを忘れる者が必ずいる」……これは、かつて私が、繰り返しそうであった（つまり、私が、しばしばカレーを忘れた本人だった）という反省をいかし、そういった学生のために余分に持っていったのである。

「レトルトカレーを忘れた人は取りに来てください。余分のカレーを持ってきています」

そしたら、すぐに三つともカレーはなくなった。**えっ！　三人もかよ、**というのが正直な感想だった。

ところが、それはあとでわかったことなのだが、**じつはもう二人（！）、**カレーを忘れた学生がいたのだ。その二人は、一つのカレーを半分にしてご飯にかけて食べていた。確かにそういう学生たちはいた。「半分ずつにしてるのか」と思って声をかけた記憶がある。

でもその二人は知らなかっただろう。そのカレー………、スタッフとして参加してくれていたゼミの四年生のK・jくんが、自分の持ってきたカレーを二人のために差し出してくれていたことを。

K・jくんは、カレーなしのご飯をもりもり食べていた。**「どうしたの？」**と聞くと事情を話してくれた。**「これで十分おいしいですよ」**と言いながら。

はじめてのモモンガ実習を体験する学生たちへの思いやりだろう。**感心した。**

二人の学生がたとえ女子学生（！）ではなかったとしても、K・jくんはきっとそうしただろう。

K・jくん、偉い。

Ktくんはニホンアナグマの研究をしている

社会性に富んだ動物なんだよね

ニホンアナグマは、昔から（なんと漠然とした非科学的な表現か。でもこの感じが………いい）、タヌキと並んで、〝里山の動物〟としてヒトの生活と接して生きてきた動物だ。

　ただし、タヌキが人々によく知られる童話や絵本によく登場するのに対して、アナグマはほとんど登場しない。あまり知られていないようだ（これが、タヌキが生息しないヨーロッパでは、ヨーロッパアナグマはしばしば登場するのだ）。

　タヌキほど人家近くや開けた場所にはあまり出てこないことや、地を這うような移動の仕方、タヌキより短足でズングリした体型（めだちにくい）、といった理由によるのかもしれない。

ニホンアナグマは、昔から〝里山の動物〟としてヒトの生活と接してきた動物だ

そんなアナグマだが、私にとっては大変なじみのある動物で、大学のキャンパス内や、キャンパスのすぐ近くにも夜な夜な出没し、私を驚かせる。大学林内の、知る人ぞ知る（私だけだろうが）場所で、巣穴も三カ所見つかっている。

最初に私が大学でアナグマに出合ったのは、忘れもしない………いつごろだったかな？（ここで、『先生、巨大コウモリが廊下を飛んでいます！』を読み返してみて………）、あれは真夜中に月光を頼りに大学林の斜面を登っているときだった。そうだ、そうだ。

アナグマの群れ（〝群れ〟とは言っても、成獣二匹、幼獣三匹の五匹）と出合ったのだ。

幼獣三匹が、じっと立ちつくしている私の足

大学林のなかにあるニホンアナグマの巣穴

(のニオイ?)に興味をもったらしく、こともあろうに、そのなかの一匹は、**私のズボンに爪をかけて上を見上げるようなしぐさ**までしおったのだ。まったく!

母親らしき成獣が、子どもを守ろうとして、なんの罪もない私を攻撃してきたらどうしようかなどとヒヤヒヤだったが、いたずら三匹はやがて無事、私を解放してくれた。

二度目は、帰宅のため車に乗り、大学を出て前の交差点を右折したときだった。縁石に開いている水抜きの穴から一匹のアナグマが顔を出していて、**私と目が合ったのだ。**

もちろん私は礼儀として車をゆっくり路肩に止め、**驚かさないように近づいていった。**そしたら穴から体を出し、縁石にそって歩き出したのだ。もちろん私は礼儀として驚かさないようにゆっくりあとをついていった。すると、縁石を覆うように植えられていた生垣のなかにさらに四匹のアナグマがおり、これがまた**私の脚のまわりにまとわりついてきた**のだ。

最初は怖かったが、そのうちうれしくなり、ふれあいを楽しんだ(詳しくは『先生、犬にサンショウウオの捜索を頼むのですか!』をどうぞ)。

やがてアナグマたちは私から離れ生垣にそって移動し、道路を渡って反対側に移動しはじめた。ところが、最後の一匹が、時々行きかう車にタイミングを合わせられず、取り残された。

私は、何かよい手はないか考えながら様子を見ていた。そしたら、通りがかった一台の車が、親切にも止まってくれたのだ。

めでたく最後の一匹は、十分な時間を与えてもらい、恐々とした様子でみんなが待つ道路の向こう側へとたどりついたのだ。これも、私の心がいっそうアナグマへと傾いた出来事だった。

またあるときは大学の裏の駐車場と林の境目あたりを、**ジェジエジェッ、ジェジエジェッ、ジェジエジェッ、ジェジエジエジェッ**と鳴きながら歩いていくアナグマを見たことがあった。真っ暗な闇のなか、連続して立っている街灯の光が薄く照らす〝ステージ〟にそって移動していた。**ジェジエジェッ、ジェジエジエジェッ**を聞いたときは、はじめ何の音かわからなかった。やがて、明らかにそれが向こうを歩くアナグマの声だと確信がもてたとき、「あーっ、ニホンアナグマはこんな声を出すのか！　こんな習性、まだ知られてないんじゃないの⁉」と**ちょっと興奮した**（その後、『アナグマはクマではありません』〈東京書店〉のなかで、動物写真家の福田幸広さんが、雄が雌に求愛したり、母親が子たちを誘導したりするときに、ジェジェジェッ、ジェジェジェッを発することを書いておられるのを知った。多分、私が聞いた声と同じだと思う）。

そうそう、私が「ヘラジカ林」と呼ぶ、大学林のなかでも最も奥まった場所にある、動物相が豊かな場所で、意識がもうろうとしたような大きなアナグマと出合ったこともある。山道に座りこんでいた。私が**「どうした、しっかりしなさい」**とばかりに、こわごわなでてやると、少し元気が出た様子で歩いてブッシュのなかに消えていった。

思い出すともっと出てくるかもしれない。

まー、このように私が大変親しみを感じているアナグマなのだが、その里山の動物が悲しいことに、現在は、作物（穀類や果実など）に被害を与える「害獣」として、農業に携わる人たちに嫌われている。

イノシシ、シカ、ニホンザル、そしてアナグマ………、できるだけ彼らに苦痛を与えず作物への被害を減少させる方法を多くの動物学者が考えている。「それぞれの動物種の習性を知り、有効な方策で畑などへの侵入を防ぎ、それによって彼らの個体数を一定に保つ」のが基本だろう。でもなかなか効果的な手法は見つからない。

本章の最後でもう少しこの問題にふれたい。

話変わって………、ゼミ生のＫｔくんは、イヌなどの中型哺乳類が大好きな学生だ。将来は動物に囲まれて地域の自然を活用する仕事をやっていきたいと考えており、現在は、卒業研究として、〝中型哺乳類の〟ニホンアナグマの行動を調べている。

Ｋｔくんは狩猟免許も（動物取扱に関する資格も）持っており、狩猟期に捕獲した八匹のニホンアナグマを借家近くのビニールハウスのなかにつくった小屋で飼育している。実験のときだけ、一匹か二匹、大学に連れてくるのだ。

そんなＫｔくんが研究として最初に取り組んだテーマは、「未成熟個体は、餌を与えたり一緒に過ごしたりしたヒトのニオイを認識しているか」だった。

捕獲後の未成熟個体（雌）を対象に、**餌を手から与えたり、膝の上に乗せてやったりして、**数週間、一緒に過ごすのである。そのうえで、次のような実験を行なった。

市販の、色も素材も同じバスタオルを用意し、バスタオル一枚ずつに次のようなニオイをつける。

①Ｋｔくんの体のニオイ
②見知らぬ人の体のニオイ（〝見知らぬ人〟の役は私がかってでた）

③実験アナグマ自身の体のニオイ

④市販のタオル（買ったときのまんま）のニオイ

ヒトのニオイについては、次のような方法でタオルにつけた。

四日間、風呂に入るとき以外はシャツの下、つまり肌に直接、タオルをショールのように肩にかけて過ごした（もちろん私も肌身はなさず……）。

アナグマのニオイについては、アナグマが巣にしている箱のなかに四日間、敷きっぱなしにしておいた。ちなみに、アナグマは幼獣であっても、巣のなかには、糞や尿はしない。巣の外に出て行なう。今回の実験の場合も、実験アナ

Ktくんの研究テーマ「未成熟個体は、餌を与えたり一緒に過ごしたりしたヒトのニオイを認識しているか」の実験のため、数週間、子アナグマを膝に乗せたり、手から餌を与えたりして一緒に過ごす

グマの糞・尿のニオイはタオルにはほとんどついていないと考えられた。

これら①～④のタオルのうちから二つを選んで、九〇×一四〇センチメートル、高さ七〇センチの、板とプラスチックでつくった容器（そこには二〇センチくらいの深さで砂が敷いてある）の二隅に置き、なかにアナグマを放したのだ。

結果である。

まー、テンションが上がる、期待どおりの結果だった！

まず、「①Ｋｔくんの体のニオイ」タオルを一方の隅に、「②見知らぬ人の体のニオイ」タオルを他方の隅に置いたときのアナグマの行動である。

二つのタオルが置かれている側の反対側に放されたアナグマは、まずは、周囲の状態をうかがうような、キョロキョロといったしぐさを見せたあと、移動を始めた。鼻先を小刻みに動かしながら、いかにもニオイを嗅いでいるような様子で歩を進めている。頭を左右に振り、前方をくまなく、レーダーのように探索しているような感じだ。

そして、少しして、アナグマは、**「ニオイをとらえた！」**とばかりに、「①Ｋｔくんの体のニオイ」タオルのほうへ**迷わず進んでいった**のだ。そのタオルに到達したあとのアナグマの行動も面白かった。タオルの上に座ったりうつ伏せになったりしていたが、突然、**タオルのなかにもぐりはじめた**のだ。

記録の時間を五分間としていたので、その間には、「②見知らぬ人の体のニオイ」タオルのほうにも近づくことはあった。しかし、実験後、Ｋｔくんがビデオ映像から、「タオルの輪郭から一〇センチ以内にアナグマの鼻先があった時間」や「タオルのなかにもぐりこもうとした回数」を比較した結果、前者の時間は、「Ｋｔ」タオルのほうが「見知らぬ人」タオルの場合より一三倍多く、「もぐりこみ」回数は、「Ｋｔ」タオルで八回、「見知らぬ人」タオルではゼロだった（ほかの試行でも、もぐる動作をしたのは「Ｋｔ」タオルの場合のみであった）。

このような感じで、タオルの組み合わせを変えて行なった一連の実験結果が示唆することは次のようなことだった。

（1）未成熟アナグマは、**「ニオイ」を重要な手がかりの一つとして利用**し、対象の特性を認知している。

（2）未成熟アナグマは、**友好的な時間を長く過ごした相手を好み、**一緒にいようとする欲求

「Ktくんの体のニオイ」タオル（左）と「買ったときのまんまのニオイ」タオル（右）に対するアナグマの反応。タオルの近くに来たアナグマは、その後「Ktくんの体のニオイ」タオルにほぼ一直線に寄っていき、タオルの上に乗ったり、なかにもぐりこもうとしたりした

をもつ。

ニホンアナグマについて行なわれてきた研究を調べてみると、アナグマの社会では、子どもは雌だと成熟後も母親のもとに残ることが多く、複数個体の間で強固な絆を形成する特性を有していると考えられる。Ｋｔくんの初期の実験はこのような、ニホンアナグマの特性をよく反映しているように思われた。

Ｋｔくんは、未成熟個体の実験に続いて、別なテーマの実験を、今、大学で行なっている。ちなみに、強い力で巧みに穴を掘るニホンアナグマの実験場として私が大学キャンパスのなかで見つけた施設は、キャンパス内を通る道路と大学林との間にあった。

七×七×高さ三・五メートルの、底面も側面もコンクリートでできた、**「アナグマの実験用に使ってください」**と言っているような部屋である。

そのなかに、巣用の箱と餌場と水場をつくり、実験の期間、過ごしてもらっている。

そして、調べていることは………、**ニホンアナグマの「溜め糞」**である。

日本の森や里山で、溜め糞の王者といえば、それはタヌキだろう。その地域で暮らす複数のタヌキが、地域内にある数カ所の「溜め糞場」に律儀に糞をするものだから、個体数が多い地域では、「溜め糞場」は大きなものになる。

一方、これまでの研究報告を見ると、アナグマも負けてはいない（ちょっと負けている）。タヌキの溜め糞場所とアナグマの溜め糞場所が近くにあることを報告した研究例もある。

いずれにせよ、日本の在来種で溜め糞の習性が確認されている哺乳類はタヌキとアナグマとイタチだけ……いや、それとカワネズミ（カワネズミの糞についてお知り

Kt くんの別の研究テーマ「溜め糞」について調べるためにうってつけの部屋が、キャンパス内の道路と大学林の間にあった

になりたい方は『先生、アオダイショウがモモンガ家族に迫っています！』を読んでいただきたい）だ。これらの動物が、とりたてて〝溜め〟糞をする理由については、ある程度、研究はなされている。

タヌキの溜め糞については私の妻が若かったとき一生懸命調べ、次のような事実や可能性を見出している。

「タヌキはニオイによって誰の糞かを識別できる」。そのうえで「その地域の個体が同じ場所に糞をすることによって、お隣さんたちと、糞を通して顔見知りになり、また食べ物などについての情報交換を行なっている」。

つまり、**糞というアバター（分身）を使って、井戸端会議をしている、**みたいなもんだ。

一方、カワネズミについては、二年前、当時、公立鳥取環境大学の大学院生だったＭｋさんが、「溜め糞は、他個体に対する自分の**縄張りのアピール**として使われている」ことを、数種の実験を通して示している。

さて、ではアナグマの場合、どうなのだろうか。少なくとも実験的にはこれまで調べられてこなかった。そういう理由もあり、Ｋｔくんはアナグマの溜め糞の生物学的意味を調べることになったのだ。

Ｋｔくんの実験は、まだ始まったばかりだが、これまで調べてきた三個体については、それぞれの個体が、実験場内の決まった場所（すべての個体が同じ二カ所）に溜め糞をすることが確認できた。

ちなみに、最初の個体を実験場に放したときのことは忘れられない。

最初の、ニオイをつけたタオルへの反応を調べた実験のアナグマのように、Ｋｔくんが接触

アナグマは実験場内の決まった場所（2カ所）に溜め糞をした。糞の左に立てかけられているのは長さ13cmのペン

しながら世話をしたわけではなかったが（餌はＫｔくんがやっていた）、移動用の箱から出したらすぐ、特に緊張した様子もなく実験場のなかを歩きまわり、途中、**Ｋｔくんの脚のニオイをさかんに嗅ぎ、**やがて、実験場の一角に設置してあった金属のコの字型ステップのところで**鉄棒のような行動を始めた**のだ。

　Ｋｔくんと顔を見合わせて、**「かわいいね」「かわいいですね」**と言葉をかわした。そう、動きといい、表情といい、とてもかわいかったのだ。

　これから実験は進み、他個体の糞への反応や、異性の糞への反応などなど、調べなければならないことは山ほどある。

最初に実験場に放したとき、アナグマは緊張した様子もなく歩きまわり、Ｋｔくんの脚のニオイをさかんに嗅いだ

ちなみに、京都の都市部出身のＫｔくんは自然豊かな里山に住みたいのだそうだ。冒頭でもお話ししたが、将来は動物に囲まれて地域の自然を活用する仕事をやっていきたいと考えており、いつか、アナグマの生態を見ることができるような動物公園もつくりたいと考えている。

先に、イノシシ、シカ、ニホンザル、そしてアナグマなどの、「害獣」について、なかなか難しい問題であると述べた。動物の専門家も含めて誰もが思っていることだ。

そんななかで、私は、Ｋｔくんが考えている「アナグマの生態を見ることができるような動物公園」というのは、問題を改善する一つの方向となりうるのではないかと感じている。

現在、われわれはあまりにも野生生物や自然

そして金属のコの字型ステップのところで鉄棒をするような行動を始めた

と距離を取りすぎ、彼らがどういう生き物か、自然の感触がどんなものか、ほとんど知ること
なく毎日を暮らしている。対象を実感として知ることなく、「守れ」とか「害を及ぼすから駆
除しろ」といった表面的な思いだけを抱いている。

生息地を模した環境のなかでふれあって、少しでも野生生物のことを体感する機会があれば、
表面的な思いのなかに実感という塊がぶら下がってくる。息づかいであったり、生き生きとし
た表情であったり、悲しげな姿であったり、共感であったり……。そういった感覚が、自然
環境の保全の問題、野生生物とのつきあい方の問題を考えるうえではとても大切であり、「自
然や野生生物との共存」には不可欠だと思うのだ。

いつかＫｔくんの夢がかなえば、いいね！

ユビナガコウモリはぶら下がって休息するとき、優位個体が劣位個体の背後に乗る!?

コウモリの群れのなかでの個体間関係って、
ほとんど知られていないのだ

同一種類の動物を複数、世話した経験がある人ならわかっていただけると思うのだが、少なくとも哺乳類では、**種が同じでも性格が個体によって随分と差がある。**まー、個体差というやつだ。

たとえば、ユビナガコウモリでは、容器から自分で餌を食べるようになるまで、私が（ヒトの赤ちゃん用のミルク粉を水に溶かしたものを体に塗った）ミールワーム（ゴミムシダマシという甲虫の幼虫）を口まで運んで与えるのだが、そのときの食べ方は個体によって異なる。

ある個体は、最初から、次々にミールワームにかぶりつき、カリカリ噛んだあと、どんどん飲みこんでいく（こういった個体は少ない）。

ユビナガコウモリのミールワームの食べ方には個体差がある

見ていて気持ちがよいが、**「君、緊張とか警戒とか、しないの?」**と尋ねたくなる。

別の個体は、まず、かぶりつきガシガシ噛むのだが、内部の体液成分だけ飲みこんで、外皮を含む外身は、顔を振ってプッと吐き出す。**「硬いところは口に合わない」**みたいなグルメっぽい個体だ。

一番手間がかかるのは、ミールワームをそのまま口につけてやっても口を開かないタイプだ。しかたがないので、ミールワームにはほんとうに申し訳ないのだが、体の真ん中あたりをハサミで切って、切り口をコウモリの口に近づける。

すると、ニオイに反応するのだろうか。切り口を舌でペロペロなめはじめる。でも、切り口から体液が出なくなるとそれで終わり。また、

ミールワームを口いっぱい頬ばるユビナガコウモリ

ミールワームの別の場所を切って、コウモリの口に近づける……。

まー、そんな感じで、ミールワームへの反応一つとってもいろいろなのだ。

こういった個体ごとの性質の差は、それぞれのコウモリの、夜の森のなかでの狩りの仕方や、洞窟のなかでの休息時**（コウモリの洞窟内での休息はルーストと呼ばれる）**の個体同士の相互作用に反映されているにちがいない。

最近、私はデスクワークをしながら、ユビナガコウモリたちのルースト時の相互作用を見たいと思い、実験室に飼育用の大型水槽と椅子と電気スタンドを置いて、**ながら観察を行なって**

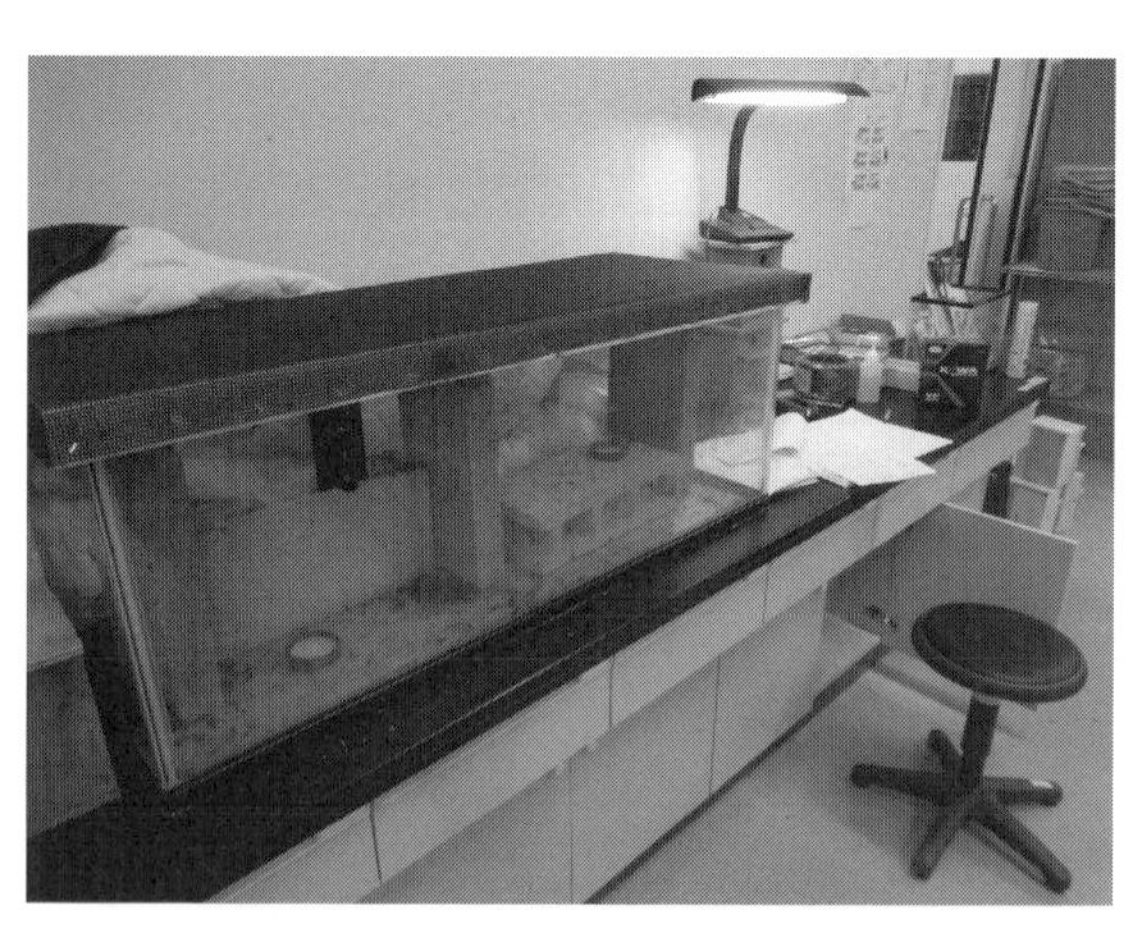

実験室に飼育用の大型水槽と椅子と電気スタンドを置いて、デスクワークをしながら観察している

いる。ちなみに、コウモリたちは水槽内でも時々飛翔しているが、基本的には水槽のなかは洞窟のなかに相当し、夜、外に出して実験室内を飛翔させてやる時間が、〝森のなかでの狩り〟の時間に相当すると私は考えている。

そもそも、コウモリの群れのなかでの個体間関係は、親子関係といったごく一部の知見をのぞいては、ほとんど知られていない。動物行動学的な視点からは是非とも知りたい、また純粋な好奇心から知りたい、と感じるのも自然なことだろう。

そんなことを感じていた私が、コウモリの個体同士の相互作用について調べてみよう、あるいは、調べられるのではないか、と思ったのは、飼育中に目撃した、ある現象がきっかけだった。

それは、餌を食べる際の優劣関係、みたいな現象である。

冒頭でもお話ししたが、実験のコウモリは、洞窟から連れてこられ、最初は私の手から、ミールワームを与えられる。それから徐々に、飼育水槽の底に置かれた容器から、各自、自発的にミールワームを食べるように導かれ、学習していく。

したがって、最終的には、複数のコウモリが、それぞれ、底に置かれた容器のなかからミールワームを食べる、という状態になるのだ。

そうすると、（タイミングが悪いと）次ページの写真にあるような、そのとき食事中の個体を、あとからやって来た個体が追い払って食事を始める、という**乗っとり事件が起こる**ことがある。

私は、五個体（三匹が雄、二匹が雌）のユビナガコウモリについて、このような乗っとり事件の当事者の関係を記録し、それぞれの事件で、「乗っとった個体は、乗っとられた個体より優位」と判断して、五個体の優劣順位を決めていった。個体識別は、最初は、背中の体毛の一部を、個体ごとに違った色の塗料で染めて、途中からは、小鳥用のいろいろな色の足環（あしわ）をコウモリの足にはめて行なった。


その結果、一位（シロと呼んだ雄）、二位（アオと呼んだ雄）までは安定した順位が決まったが、それ以外の個体の間では乗っとりはほとんど観察されず信頼できる順位を決めることはできなかった。

基本的にはコウモリたちは、その時点で容器の餌を食べているほうが**「既得権有り！」**といった様子で、それが尊重されることが多い。したがって、乗っとりが起きるということは、**優**

ユビナガコウモリはぶら下がって休息するとき、
優位個体が劣位個体の背後に乗る!?

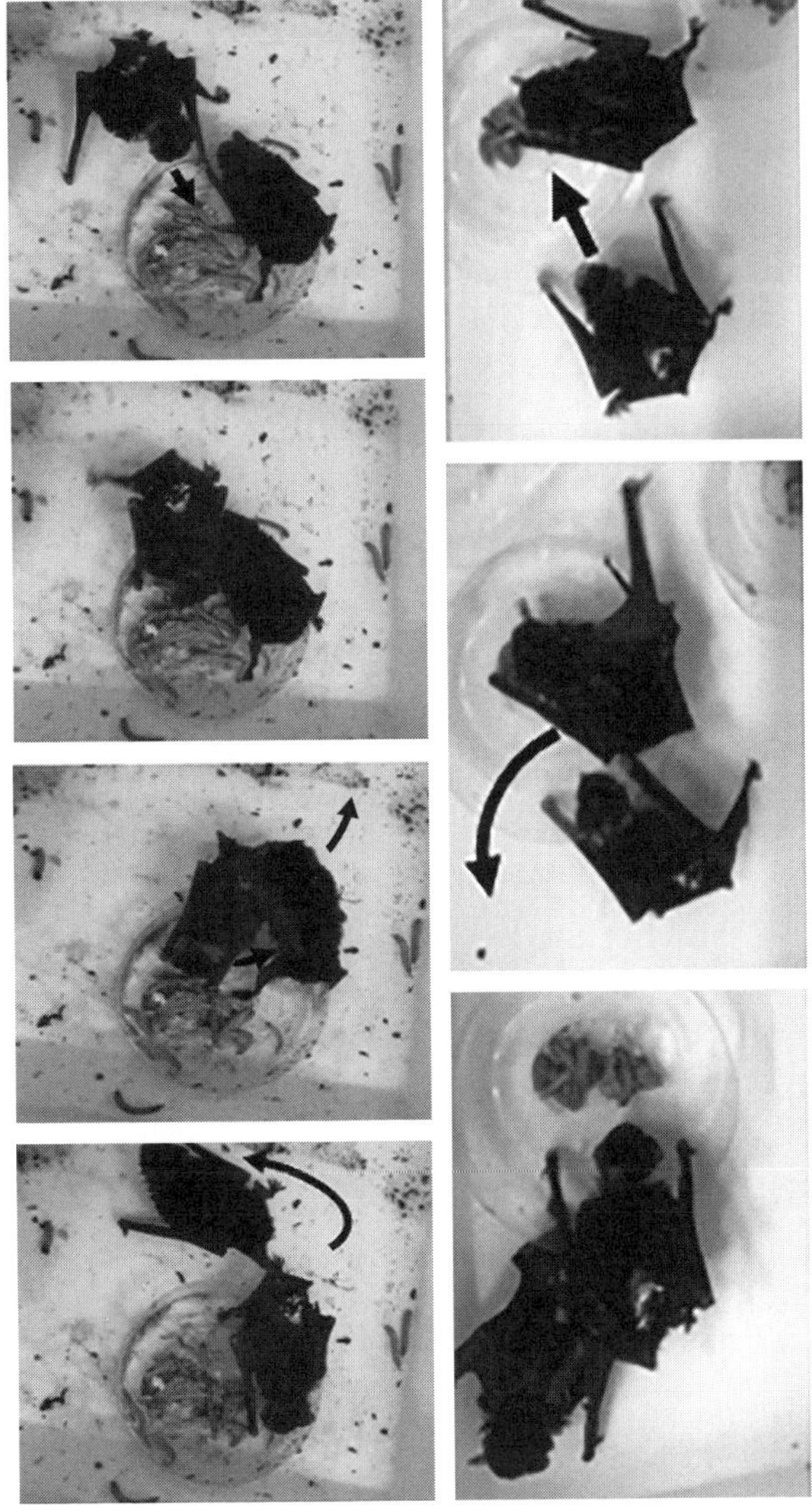

餌を食べるときには優劣関係があり、食事中の個体をあとからやって来た個体が追い払って食事を始めることがある

劣のような関係がかなりはっきりしている個体同士で、かつ、**優位な個体がかなり食を欲している**場合だろうと推察された。

こうして私は、一位、二位の個体に特に注目しながら、水槽の天井に**ルーストするときの行動を、ながら観察**したのだ。

水槽の天井でルーストしているユビナガコウモリたちは、洞窟のなかの場合と同じく、みんな集まることを好んだ。時々、一個体だけが〝集団〟(集団とは言っても四個体だが)から離れたところでポツンとルーストしていることもあったが。

ルースト集団に注目してみるようになってから**気になりはじめたことの一つ**に、次のようなことがあった。

夜、食事のあと、あるいは日中でも、底に置いた容器に入った水を飲むために、いったん集団を離れたコウモリたちが、再び集団にもどるとき、**しばしばちょっとした争いが起こった。**それは、彼らが発する声ですぐわかった。**ギャッ!**とか**キッ!**とかいった声である。特に、劣位個体がもどっていったときにこういう声が聞かれることが多かった。誰が鳴いているのかまではわからなかったが。

ちなみに、そのような声は、**私との〝相互作用〟でも聞かれた**ものだった。

もちろん**私がコウモリたちとくっついてルーストしていたわけではない。**私が餌を与えていたときにコウモリたちが発した。コウモリが私の手を振りきって離れていきそうになり、私があらためて体を持ちなおしたときのような、コウモリの意に反したことを私が行なったときに彼らが発したのだ。

状況や彼らの行動から考えて、ギャッ!とかキッ!は、**「なにすんじゃ!」「痛いじゃないか!」「怒るで!」**……そんなメッセージのように私には感じられた。

ここで、読者のなかには、「コウモリは（ヒトには聞こえない）超音波を発するんでしょ?どうしてギャッ!とかキッ!みたいな、ヒトにも聞こえる声を出すんだ?」と思われた方はおられないだろうか。

もし、そう思われた方がいたとしたら、**それはいい質問だ。**

その質問については私は次のようにお答えしたい。

ヒトに聞こえる音のことを可聴音と言うが、大体、二〇ヘルツの低音から二〇〇〇〇ヘルツの高音までをヒトは意識できる。超音波と呼んでいるのは二〇〇〇〇ヘルツ以上の波長の音で、確かに、コウモリ類のなかのココウモリ（正確に言うと多少の例外があるが、コウモリ類は、大きく、オオコウモリとココウモリに分けられる。前者はキツネのような顔をした大型のコウモリで、日本には小笠原諸島のオガサワラオオコウモリと琉球列島のクビワオオコウモリの二種類だけが生息する。日本の全コウモリ種三五種のうち、これらのコウモリ以外はすべてココウモリだ）のほとんどは、二〇〇〇〇ヘルツを超える音を利用する（種によっては一万ヘルツ近い音も利用するものもいる）。ただし、だからと言って、二〇〇〇〇ヘルツ以下の音を使わないかと言えばそうでもない。

外界のものの存在を、音を発しその反響音で認知するのには高音が適しているが、たとえば、コウモリ同士がメッセージとして使うときには低音も役に立つのだ。特に、**相手を威嚇する場合**などは、ヒトの脅し声やイヌの唸り声などを想像してみていただければおわかりになると思うが、**低い声を使うことのほうがずっと多い**。

コウモリだってそれは同じではないだろうか。

ユビナガコウモリはぶら下がって休息するとき、
優位個体が劣位個体の背後に乗る!?

話をもどそう。

では、なぜ、コウモリが集団にもどるとき、ギャッ！とかキッ！とかいった声をともなう争いのような出来事が起こるのだろうか。

私は、**よく観察してみた。**

わかったことは、どうもコウモリたちは、くっつきあって集団をつくるときの**位置争いをしているのではないか、**ということである。

たとえば、劣位の個体が優位の個体の背後から抱きつくように、あるいは、乗りかかるようにくっつこうとしたときは、優位の個体はそれを嫌がり、自分の位置を変え、劣位の個体を前に進ませて、その後ろから、自分が乗りかかるようにくっつく……、そんなふうに見える場合が多かった。

ちなみに、ユビナガコウモリは自然洞窟にしろ、飼育用の水槽の天井にしろ、ルーストするときは、スパイダーマンのように、ブラーンとぶら下がることは少ない。壁にしがみつくような姿勢でルーストすることが多いのだ（いつもブラーンとぶら下がるコウモリらしいコウモリはキクガシラコウモリだ）。

そして、それぞれの個体が列のように並んで集団をつくる。個体数が多くなると、列が何本も放射状にできるので、後ろの個体は集団の中心に位置するようになることが多い。

もし、観察から予想したように、優位な個体が、劣位な個体に、背中に乗られるようにくっつかれることを嫌がるのなら、列集団は、前のほうに劣位個体、後ろのほうが優位個体、という順になるはずだ。

それを確かめるために、私は、朝、出勤してはじめて実験室に入るとき、昼、帰宅するとき、この三度の機会に、コウモリたちがどんな順序で集団をつくっているか、できるだけ記録することにした。

その結果、わかったことが、タイトルに書いた「ユビナガコウモリはぶら下がって休息（ルースト）するとき、優位個体が劣位個体の背後に乗る（場合が多い）」である。

ユビナガコウモリはぶら下がって休息するとき、
優位個体が劣位個体の背後に乗る!?

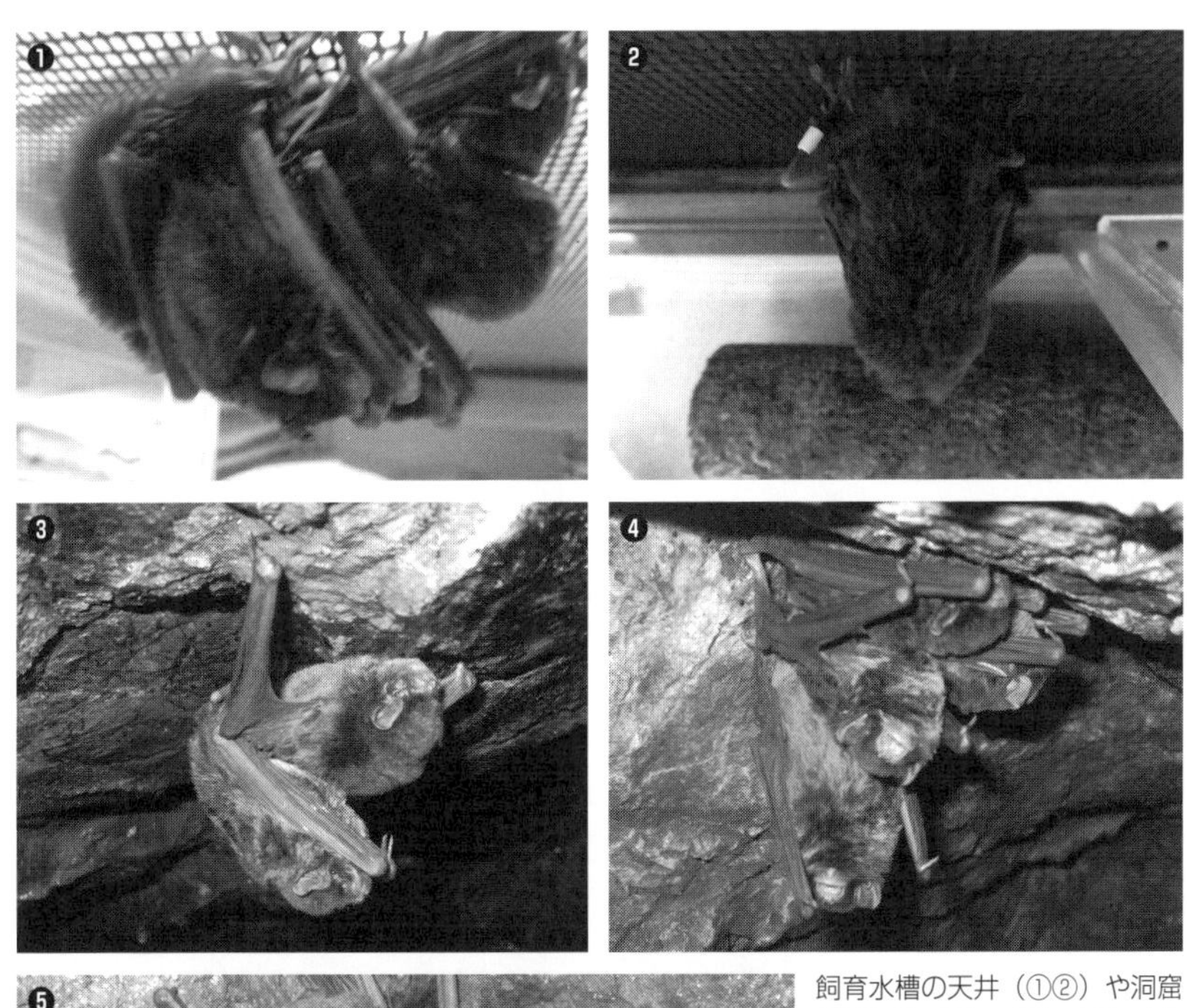

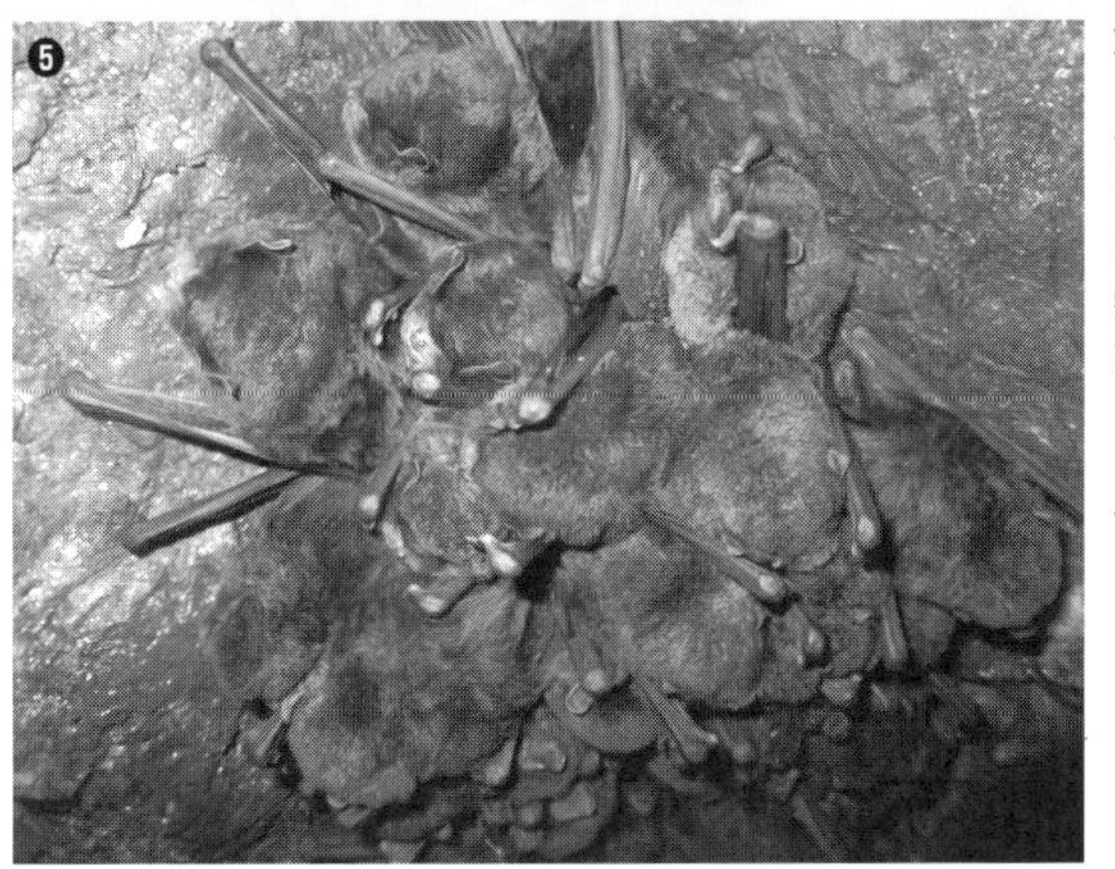

飼育水槽の天井（①②）や洞窟（③④⑤）でルーストするユビナガコウモリ
ブラーンとぶら下がることは少なく、壁にしがみつくような姿勢の場合が多い。個体数が多くなると、列が何本も中央に向かって集まるので、後ろの個体（優位な個体）は集団の中心に位置することになる（⑤）

一番優位な個体の「シロ」は、約一カ月半の間に調べた（五個体がそろって列集団をつくっていた）五三回のケースで、七一パーセントにあたる三八回は一番後ろに、八回は後ろから二番目に位置していた。二番目に優位な「アオ」は、五三回中七回一番後ろに、二六回は後ろから二番目に位置していた。

まだまだ実験は必要だが（ほんとうに順位が関係しているのかどうかは慎重に調べなければならない。別なことが要因になっている可能性も十分にある）、私は、ユビナガコウモリたちの**「隠された約束事」をのぞいた**ような気がして、あるいは、これまで手がつけられていない、コウモリの**群れのなかでの（心理的）個体間関係の糸口をつかみかけた**ような気がしてうれしかったのだ。

これから、仕事の合間になるけれど、腰をすえてゆっくり調べていきたいと思っている。もちろん、調べる内容のなかには、「もしほんとうに、優位個体は列集団の後方に位置しようとする傾向があるのだとしたら、それは、どういう理由によるのか（優位個体にとってどんな利益があるのか）」も入っている。

じつは、それについての仮説はすでに一つは思いついている。読者のみなさんも、本章の後半をじっくり読んでいただければ………。

ヒントは、列集団で後ろの位置になった個体は、群れが大きくなったとき、どんな場所に来ることになるか………写真参照、だ。


本章も終わりに近づいた。ちょっとだけふり返りたい。


コウモリとのつきあいもそれなりに長くなり、特に、研究をとおしてユビナガコウモリとのつきあいは長くなった。

野外や実験室、研究室での観察によって仮説がひらめき、その仮説を実験によって検証してきた。
二、三、ご紹介しよう。
まず、フクロウの鳴き声に対する反応である。

これまで何度か、モモジロコウモリがフクロウの鳴き声に激しい忌避反応を示すことはお話ししてきた。

なにせ、日本でも広く分布し、コウモリ類の一番の捕食者であると考えられているフクロウであるが、驚いたことにこれまでの世界中の莫大なコウモリ研究のなかで、コウモリによるフクロウに対する個体レベルの明確な反応はまったく報告されてこなかったのである。私はモモジロコウモリで用いた実験装置でユビナガコウモリについても調べてみたいと思ったのだ。

T字型にした通路を使って実験し、その結果、ユビナガコウモリがフクロウの鳴き声に敏感に反応し（コウモリに無害な鳥の声には反応しない）、音源から離れる忌避行動を示すことがわかった。

また、ユビナガコウモリは、同種（つまりユビナガコウモリ）の体臭と、他種のコウモリ（たとえばキクガシラコウモリ）の体臭とを識別でき、**同種のニオイがするほうへ近寄っていく**性質をもつこともわかった。

真っ暗な洞窟のなかで、ユビナガコウモリがルースト集団をつくるとき、この能力が一役買っていることは、まず間違いないだろう。

ユビナガコウモリの〝認知世界〟ではないが、ユビナガコウモリの体を棲み家として暮らしている寄生性のハエ（ケブカクモバエ）は、間違えてほかの種類のコウモリの体に入らないように（そうなると、ユビナガコウモリの体毛のなかで生きていけるように適応しているケブカクモバエは、死んでしまうしかない）、ユビナガコウモリの体毛のニオイを嗅ぎわけることができる。

この研究も、ケブカクモバエのコミカルな動きを見ることができて、とても面白かった。

書けばもっとあるのだが**（イヤ、ホントウに）**、長くなるのでこれくらいにしておこう。

自分が好きで興味もかきたてられる現象について、**新しいことがひらめき、それを検証する実験をする**のは、**とても大変だけれど、面白い。**特に、仮説が確認されたときはとてもうれしい。日常生活全体のなかで壁を乗り越え乗り越え暮らしている私自身を励ましてもくれる。

ユビナガコウモリは、そんな体験を私にプレゼントしてくれるかけがえのない動物の一つだ。実験が終われば、もとの洞窟に返してやることになる彼らだが、実験以外の時間でも、私にいろいろな刺激をくれる。

本章の冒頭で書いたが、私は、実験室に、飼育用の大型水槽と椅子と電気スタンドを置いて、デスクワークをしながらコウモリの観察を行なった。コウモリに動きがあると私はすぐ反応する。水槽のなかのコウモリたちをのぞきこむ。

視覚的刺激だけではない。コウモリの列集団から、ギャッ！とかキッ！という声が聞こえたら、コウモリたちを見る。

そんな、飼育水槽のなかのコウモリたちからの刺激で、**最も私の心を動かす刺激は、**じつは、今回の実験とはあまり関係のない、**彼らが発する、ある音声だ。**

それは、小鳥が静かにつぶやくような、**ピッ**という声だ。ヒトの赤ん坊がつぶやくように発する声にも似ている気がする。

ギャッ！とかキッ！とは対照的な、何度も繰り返して恐縮だが、静かにつぶやくように発する**ピッ**、あるいは**ポッ**と、文字で書くとすればそんな感じの声だ。

それを聞くと私は、**「どうしたの？」「そうか、そうか」**みたいな気持ちになって、コウモリたちにやさしくさわりたくなるのだ。病気だろうか？　いや、病気ではない。読者の方も、その声を聞くときっと私と同じような気持ちになるにちがいない。間違いない。

コウモリたちは、ギャッ！とかキッ！といった敵対的やりとりとは異なる、互いの親愛を伝

ユビナガコウモリはぶら下がって休息するとき、
優位個体が劣位個体の背後に乗る!?

えあう声や行動レパートリーももっているにちがいない。いろんなコミュニケーションを行なっているにちがいない。

コウモリの〝つぶやき〟音声を聞いて、**がまんできず、コウモリを手に取って頭をなでてやる**と、実験のときは、体をつかんだ私に、ギャッ！とかキッ！とか怒っているコウモリが、手袋の上で気持ちよさそうにしゃがんで静かにしているのだ。

頭をなでてやると、手袋の上で気持ちよさそうにしゃがんで静かにしている

大学のノベルティ（記念品）とモモンガグッズ

Nkさんの技術には、
イヤ、驚いた！　感心した！

あるとき、研究室に、大学の入試広報課のＹｓさんから電話があった。

「今度、大学の、新しいノベルティをつくることになったのだが、ついては、芦津（あしづ）モモンガプロジェクトで売り出している（丸い形の）モモンガコースターに大学名を入れて、ノベルティにしてもらえないだろうか」という内容だった。

モモンガコースターというのは、私がニホンモモンガを長年調査している芦津のスギ林の間伐材でつくる「モモンガグッズ」の一つである。ちなみに、間伐とは、生産林の木を適度に間引き、一本ずつの木がしっかり根を張って太くなり、また林床にも光が届いてさまざまな種類の低木、草本が繁茂する健康な林にする作業のことで、間伐材とはそのとき間引かれた木から

芦津モモンガプロジェクトのモモンガコースター。芦津のスギ林の間伐材でつくり、モモンガの焼印を押してある

つくった材のことをいう。

確かに「芦津のスギ林の間伐材」を使ったモモンガグッズは、「人と社会と自然との共生」を理念とする**公立鳥取環境大学のノベルティとしてはぴったり**だろう。

それになにより、ニホンモモンガをはじめとしたいろいろな野生生物の生息地と地域の活性化を結びつけるという目的で始めた「芦津モモンガプロジェクト」のなかの主役の一つであるモモンガグッズを大学のノベルティに、というのも断然、大学の理念に合う。

ただし、**問題は数が多いということだ。**いろいろ話を聞いてみると、結局**一〇〇個、必要**だということだった。

私は、「地元（芦津）の人にも相談してみなければならないが、おそらく大丈夫でしょう」と答えた（もちろん一〇〇個のノベルティの代金は原則、芦津地区会に入る）。

さて、**こういうときの私の動きは早いぞー。**

まずは、芦津地区の財産区林（地区の人たち全員が所有者として登録してある林で、いわゆる共有林と同じ形態の林）の管理の代表者であるAyさんに連絡し、大学のノベルティの話と、（そのとき、大学にはモモンガコースターの在庫はなかったので）適度な太さの間伐材の調達についての話をした。

いつもコースターをつくってもらっていた芦津の大工のＴｋさんが、仕事の関係で、大量のコースターの作成はできない状態だったので、今回は、大学の木工室の技術員のＡｊさんに頼むことにした。Ａｊさんはちょっといかした青年で……詳しいことはまたあとでお話しする。

コースターは、直径が一二センチくらいで、それが取れるスギの木は、幹がかなり細くなければならなかった。そんな間伐木は少なかった。おまけに、幹は下から上にかけてだんだん細くなるので、**一本の木からとれるコースターの数はかぎられていた。**一方、ノベルティは一〇〇個つくってほしいという依頼だったので、それくらいの直径の**間伐木がかなりな数、必要だった。**

でも、**さすがにそこはＡｙさん。**即座に「○×集材場と△□集材場、◇☆集材場に積んである間伐木のなかにはそれくらいの細さの木がたくさんある。そこから抜きとったらいい」と教えてくださった。Ａｙさんの頭のなかには芦津地区の財産区林の詳しいマップが正確に入っているのだろう。

ちなみにＡｙさんは、会社を退職されたあと、地域を元気にする新しい日本の林業のあり方を、芦津で模索している。木の切り出しを外部組織にまかせるのではなく、地元で組織をつくって行なう。しっかりとした林道をつくりながら間伐した木を運び出す。地域通貨をつくって地域内の経済的な活性化を試みる。森がもつ二酸化炭素の吸収能力を首都圏に売りこむ。そんな取り組みだ。

さっそく次の休日、私は、モモンガの調査をかねて、Ayさんから教えてもらった集材場に行ってみた。

あった、あった。重なったたくさんの太い丸太にまじってコースターになりそうな太さの細い丸太が窮屈そうに顔をのぞかせていた。でも、その丸太の重なりのなかから**目的の丸太を取り出すのは骨の折れる作業だった。**

しかし一〇〇個のモモンガコースターをつく

Ayさんに教えてもらった集材場へ行くと、コースターになりそうな細い丸太が太い丸太の間から顔をのぞかせていた

るには必要な作業なのだ。

そんな作業を数カ所の集材場で行ない、取り出した丸太を一本一本、大切に思いながら、乗ってきた軽トラックの荷台に乗せ大学に帰ってきたのだった。

さて、**持って帰ってきた丸太の〝その後〟は、**先に少しお話ししたＡ・ｊさんを頼ることになる。

Ａ・ｊさんは、鳥取環境大学の卒業生で、三〇代前半の好青年だ。私はモモンガの巣箱の作成やコウモリの大きな飼育ケージの骨格づくりなど、いろいろなことをお願いしている。

木材の加工が本職だが、自然石やシカの角(つの)などの自然物を加工して、ペンダントやペーパーナイフといった装飾品や実用品を独自のセンスでつくり上げる頼もしい人物だ。東南アジアや中南米にも旅行し、人生を楽しんでいるという感じが伝わってくる。

やることが丁寧で、仕事場である木工室には、水草や流木を巧みに組み合わせ、小さい魚やエビが暮らすアクアリウムもつくっている。

私は木工室に行くとたいていは、最初にそのアクアリウムに見入り、Ａ・ｊさんといろいろ話をしてから、本題に入る。

そんなＡ・ｊさんに、芦津から運んできた丸太を見せ、ノベルティの姿を説明し、製作の仕方について相談した。

以下の点がおもなポイントになった。

一つ目。

「運んできた丸太から**何個のノベルティ・モモンガコースターが取れるか？」**

細目の丸太といっても、根もと側のほうは太く先にいくにしたがって細くなっている。その グラデーションのなかで、どこからどこまでがコースター材として許される直径を有している か、ということである。自然物の特徴をそのまま生かしたグッズなので、大きさや形に多少の バリエーションはあってもよい（あったほうがいい）のだが、あまりにも小さすぎたり、大き すぎたりしてはだめだ。

そういうわけで、はたして、運んできた丸太で一〇〇個のノベルティ・モモンガコースター が取れるのか？　これは重要なポイントだ。

二つ目。

「丸太の材のなかに**虫食いの穴はないか？**　丸太の中身が風雨やカビなどによる**腐食などによりダメージを受けていないか？」**

虫食いや、カビ、風雨などによる傷みがひどい丸太は、当然のことながら、使えない。

カビなどの死骸で木が黒ずんでいてもだめ（焼印がめだたない）。

三つ目。

これもとても重要なことなのだが、………「丸太が乾燥したときにできる**割れをどう止めるか？」**

丸太は、あるいは丸太をスライスしてつくった〝円盤〟は、乾燥させると必ず、材の体積減少の偏りのため「割れ」ができる。この割れは、自然な割れができる前に、人工的な割れをつくって（つまり、円盤の一角にV字の切れこみをつくることによって）、抑制できるのだ。

不規則な稲光のような割れより、規則的なV字の割れのほうがいいだろう、というわけである。冒頭のモモンガコースターの写真をご覧いただきたい。一角に、細くて、年輪の中心まで達するV字の割れが入っているだろう。これは、芦津の大工のTkさんが入れてくれたものである。

さて。この人工V字割れ（丸太に入れるときは〝背割れ〟という）を、いつ施すのか。

木の状態に応じて、**早すぎてもダメ、遅すぎてもダメ、**なのである。

Ａ・ｊさんと相談した結果、丸太の直径は、ここは大胆に一〇センチから一五センチまでＯＫとすることにしよう、形は少々の楕円でもＯＫとすることにしよう、となった。自然の味を感じてもらおう、というわけだ。

虫食い？　カビによる変色？　それはやっぱりまずいだろう。虫食い跡や変色が少しでもあったらそれは使わない、となった。

V字割れ（背割れ）はいつ入れるのか。**今でしょう。**運んできた丸太たちから、今、適当な太さの部分を切り出し、すぐに背割れを入れましょう、となった。丸太の状態から出した結論である。

こうして私は、丸太たちをA・jさんに託し、一息ついて、軽トラックを大学の公用車専用の駐車場にもどしたのである。

それから数日後、A・jさんから連絡があった。

「先生、できましたよ。一〇〇は超えています」

さすがA・jさん。**私はホッとし、**A・jさんに感謝したのだった。そしてその日の仕事が一段落してから木工室に向かった。どんな物ができているのか**ワクワクしながら。**

「おーっ、なんか素敵な明るい色の（焼印なし）コースターがいっぱいできている！」

それが最初の印象だった。箱のなかにたくさん積み重なっていたのだ。

近づいて一つ手にとってみた。なんか心地のよい手ざわりだった。切断面の角は削られ（〝面取り〟と呼ばれる）、その部分の感触もよかった。全部で一二〇個ほどできていた。

さて、**そこからは私の仕事だ。**

まずは「焼印なしコースター」にモモンガの焼印を押し、さらにそこに、大学名の焼印を押すのだ。

ちなみに、大学名の焼印のデザインは、入試広報課のHyさんをはじめとした若い女性の方たちに考えてもらった。みなさんセンスがいいのだ。モモンガの焼印が押された「大学名の焼印なしコースター」、つまりモモンガコースター（冒頭の写真）を見ながら、大学名をどのような大きさで、どのような形状で、どこに押せばいいのか……大学ノベルティの質を左右する重要な作業だ。

しばらくしてでき上がったデザインはとてもよかった。大学をしっかり主張し、それでいて出しゃばらず、全体のデザインを盛り上げていた。そして、その大学名の焼印もできた！

大学名は、業者に頼んでレーザーで焼きつけてはどうか（少々値段は張るが）、という案も出たのだが、私は〝焼印〟にこだわった。モモンガの顔の焼印と大学名の焼印、両方とも焼印だから統一感が出るのだ。それに、間伐スギの自然さには焼印のテイストがベストなのだ（……ただし、**その選択が後に私を苦しめることになるとは、**そのときは思いもよらなかった）。

私は一日の仕事が終わってから、いわば放課後に、張りきって、一段階目の作業「モモンガの焼印押し」を始めた。**それは、もう、快調だった。**それまでの何百、何千（何千はオーバーだろう）というモモンガグッズの作成で、いつも最後の「モモンガの焼印押し」は私がやってきたからだ。

押さえる時間（スギの木の状態によって変えなければならない）、押さえ具合（モモンガのイラストを均一に焼きつけるのはちょっとした技術がいる。多少のムラは自然感が出てまたよいのだが、でも製品である以上、水準は超えていなければならない。うまく押せるようになるまでかなりの試行錯誤を必要とした）、すべて**体が覚えている。**

スギが焼けるほのかな香りを感じながら作業していると、**私の煩悩多き心も、透明になっていくのだ。**みたいな。

スギの表面に絶妙なバランスの力加減で焼印を押し、焼けるスギの香りを嗅ぎ、今だ！　と心が（正確には脳が）言ったとき、焼印をパッと上げる。

そこには愛らしくこっちを向くニホンモモンガがいた。

数日かかると思っていた第一段階は、夜遅くにはなったが**一日で終わってしまった。**

床のそこらじゅう、**モモンガの顔、顔、顔、**である。その顔たちに見送られながら、その日、私は帰宅の途についたのだった。

さて、数日は〝放課後〟も忙しく、二段階目の、つまり最後の作業に取りかかれたのはしばらくしてからだった。

大学名の焼印面がついた真新しい電気ゴテ式焼印のスイッチを入れ、電気で熱し、もちろん

まずは100個以上のコースターに、モモンガの焼印を押していった

最初は、テスト用のスギの木ぎれに、**気合と期待をこめて押してみた！**

その瞬間に、私は、**額から汗が出るほどのショック**を受けた。

私くらいの焼印押し熟練者になると、わかるのだ。感触でわかるのだ。日本語と英語の文字も入った〝大学名〟を、それらの字も読めるくらいに焼きつけることがいかに難しいか。

そして、焼印をパッと持ち上げてみて、木の表面に現われた姿は、**冷酷な現実をつきつけてきた。**オーマイガー……だ。

同時に、私は、この冷酷な現実が、ちょっとやそっとの訓練で改善されるものではないことも感じとっていた。

そもそも無理なのだ。「公立鳥取環境大学」

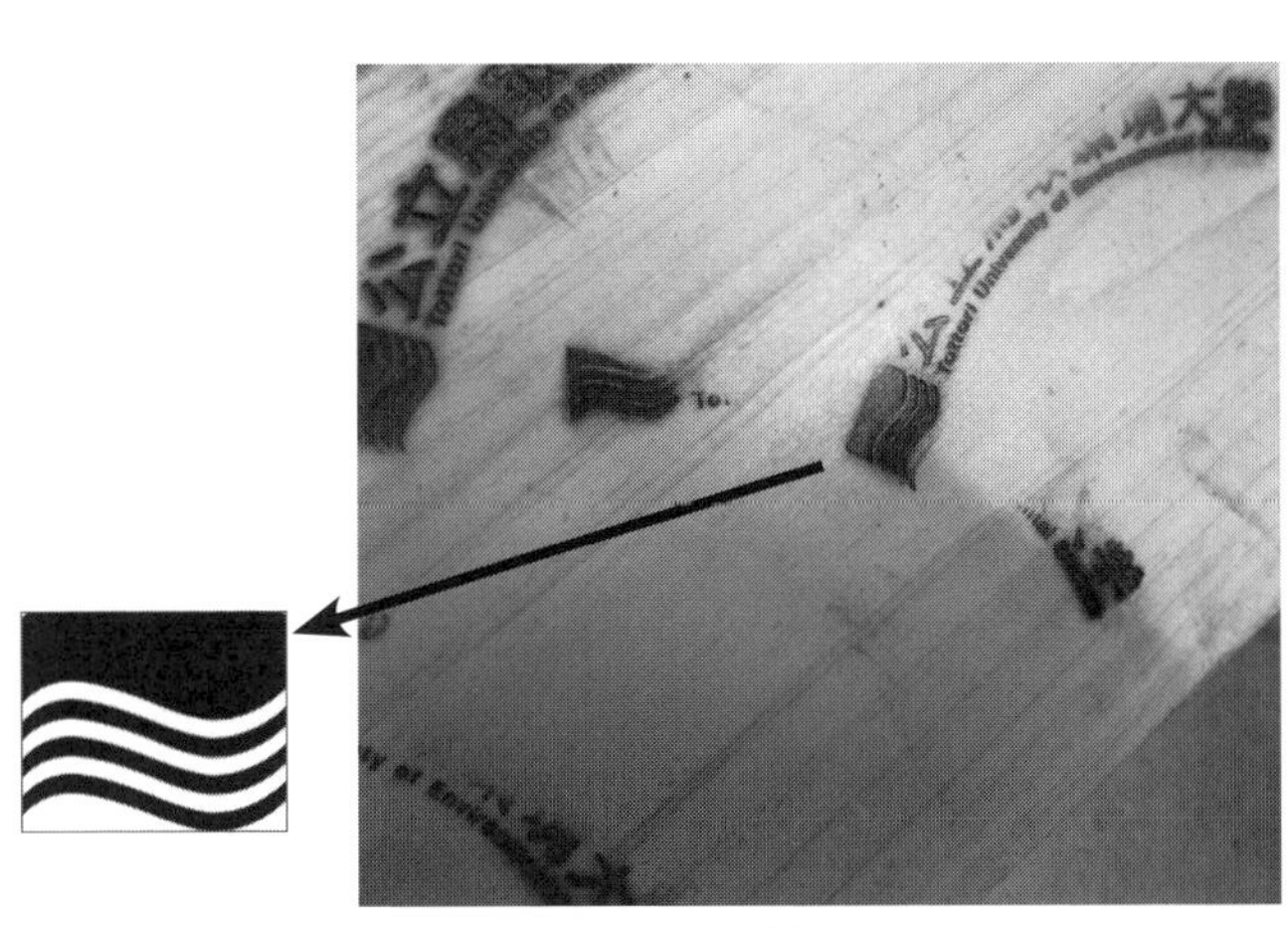

次は、大学名の焼印を押すのだが……。これが難しい！
大学名の左端にあるロゴの下半分（左の図）は鳥取砂丘の風紋をイメージしてつくられたものだが、その面影もなかった

という文字は小さすぎて、細すぎて、とても焼いて（！）姿を残せるような代物ではない。まして「Tottori University of Environmental Studies」など夢のまた夢だ。**オーオーオーマイガー**なのだ。

文字たちの左端にある大学のロゴ（の下半分）は、鳥取砂丘の風紋（波打つデザイン）をイメージしてつくられたものだったが、焼け焦げた風紋には、その面影すらない。

焼きすぎて焦げた魚の表皮みたいだ。

原因は、デザイン原版の字の細さだけではない。

デザイン全体の形である。その弓のような形は、木に押しつけたときじつに不安定で、全体に均等に力がかかりにくいのだ。その点、モモ

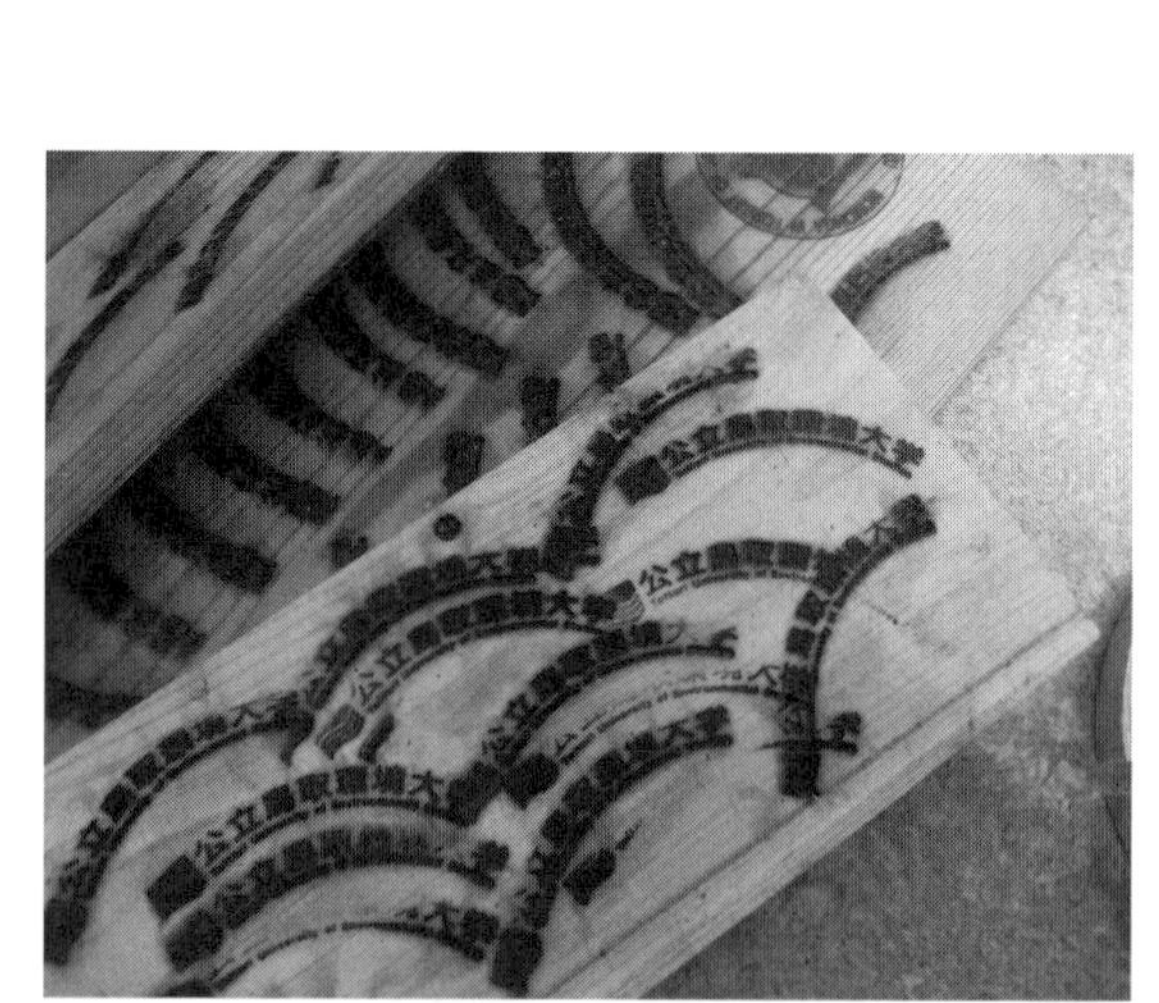

それから放課後の焼印押しの練習が始まった

ンガ印は円形で、力をまんべんなくかけやすかった。その違いに気づいた私の心中や如何（いか）に……みたいな。

ちょっとやそっとの練習で乗り越えられる壁ではないという思い。**じゃあどうすんだ。**大学にはもう代金の見積書も出している（芦津モモンガグッズ扱いなので、その代金は芦津地区会に入る）。**どうする!?**

しばらく心を静めたあと、もちろん私は、その日から毎日少しずつ練習して壁を乗り越える、という**悲壮な覚悟を決めていた。**

そして実際、ほぼ毎日の放課後の練習が始まった。

でも、思ったとおりなかなか壁は高く厚かった。

練習開始から4、5日後に到達した結果。練習の成果は表われてはいるのだが、これではノベルティにならない！

前ページの写真が、練習開始から四、五日後に到達した結果である。練習の成果は表われている。最初から比べるとかなりよくなった。でも、とてもとてもこれではノベルティにはならない。もっと工夫が必要だ。技術の向上が必要だ。

そして練習は続いていった。

ところがだ。 人生には何が起こるかわからない。

その事件は**ある日の放課後、突然にやって来た。**

そのころ、卒業研究でスナガニの巣穴内の行動を調べていたNkさんが、何かの用事で、実験室から私の研究室に入ってきて(実験室と私の研究室とはドア一枚隔てて接していた)、ちょうど、放課後の練習に取りかかろうとして店開きをした私を見たのだ。

そこには大学名が入っていないモモンガコースターや、練習用の板や、焼印などと、その中心にかがんだ私の姿があった。

私は工作や絵が大好きな**Nkさんの目がキラリと輝いた**のを見落とさなかった。そしてNkさんは言ったのだ。

「先生、なんか面白そうですね。なにをやられているんですか?」

Ｎｋさんは、スナガニが砂に掘った穴の断面や、巣穴のなかでのカニの行動が見えるような装置を試行錯誤してつくり上げ、私も一目置いていた。

私は、カウンセラーに苦しい心の内を聞いてもらうように、Ｎｋさんに実情をありていに話したのだ。そしたらＮｋさん曰く。

「私もやってみていいですか？」

正直、私は、自分の腕にいくばくかの自信をもっていたので、そして、焼印の限界を十分知っていると感じていたので、まー、その難しさを、Ｎｋさんも感じてご覧、みたいな屈折した思いで、承諾した。

「いいよ、どうぞ」

はじめの何回かの試行のあと、思ったとおり、さすがのＮｋさんも、なかなかうまくいかないことがわかったらしく、首をかしげて**「難しいですね」**と言った。

まー、そうだろう。私は机に向かって仕事をしていた。

それから一時間近く過ぎただろうか。私は仕事に集中し、気がつくと、まだＮｋさんは挑戦しつづけているではないか。様子を見ると、私と違って悲壮感はない。なんだか楽しそうに見えた。

そして私に言ったのだ。

「先生、こんなのはどうですか？」

私は頭を休めるちょうどいいタイミングでもあり、どれどれ、とばかりに、近寄っていった。

さて、そこで私が目にしたものは………。

「えっ！」

私は声を上げた。

心からほんとうに声を上げたのだ。

そこには、大学のロゴや日本語、英語もはっきり見える焼き跡が、スギの板の上にあるではないか。

もちろん私はＮｋさんを質問攻めにした。

どうしたらこんな刻印ができたの!?　いったいどうやったの!?

返ってきた答えを聞いて私は自分の限界を悟り、Ｎｋさんの神業に深ーーく感心したのだった。

神業は二つあった。

一つ目は、普通にスイッチを入れて熱くしてからそのまま刻印すると（まー、それが当たり前の使い方だ)、どうしても細い線は、周囲が焦げてぼやっとなってしまうので……、Ｎｋさんは、十分熱くなってからスイッチを切り、適度な温度まで下げてから板に押しつけていたのだ(そんな発想、私にはまったく、まったくわかなかった!)。そして、その温度加減は、印面に手を近づけてみて温度を感じ、あとは直感で行なったという!

脱帽。

二つ目の神業。**これにも私は驚かされた。**

焼印を持ち上げるとき、印面の角を板にくっつけたまま、そこを基点にテコのようにしてゆっくり持ち上げるのだそうだ。そして、横からのぞきこんで、もし板の刻印が薄かったときは、……なんと、もう一度、印面を板に押しつける、つまり二度押しするのだ!

この技、聞けば簡単そうに思えるかもしれないが、二度押しするとき、一度目と同じ場所に焼印を重ねる自信がないとできない技だ。**私にはできない。**そもそもそういう操作自体考えたこともなかった。

Ｎｋさんはそんな神業で、練習用の板に、五個以上の、ク、リ、ア、ーで見事な「大学名とロゴ」を浮かび上がらせていた。Ｎｋさんのなかでは、すでに技術はマスターされている、と考えて間違いないだろう。

興奮が一段落して、さて、常に冷静沈着な私が考えたことは、「Ｎｋさん、その技術を伝授してほしい！」ではなかった。

（手もみするような思いで）**「あの……、**ここに大学名の焼印を押さないといけないコースターがたくさんあるんだけど、**その、まー、**できるときでいいからコースターに押してもらえないでしょうか……」

いくら教えてもらっても**常人にはできることとできないことがある。**ここは一生懸命頼んでみるしかない。

そんな私に対してＮｋさんは、**ニコッとほほえみ**「いいですよ。やってもいいんですか。私も楽しいです」と言ってくれたのだ。

そう言ってＮｋさんはすぐに本番の作業に取

Nkさんの神業によって、モモンガコースターに次々と大学名の焼印が押されていく

りかかった。

　そして二時間くらいはかかっただろうか。一〇〇個を超える大学ノベルティはみるみる完成体になっていったのである。


人生には何が起こるかわからない……だ。Ｎｋさんに感謝である。

　この大学ノベルティ、「年輪の状態・模様」「色あい」「背割れも含めた形」など、どれ一つとして同じものはない。「焼印のモモンガの顔」「Ｎｋさんという学生の神業で浮き上がった公立鳥取環境大学の焼印の感じ」も、一個一個、すべて違う。

　スギ林の間伐材からつくられた意味も含め、手前味噌であることはわかりつつも、味と価値のある品だと私は思っている。

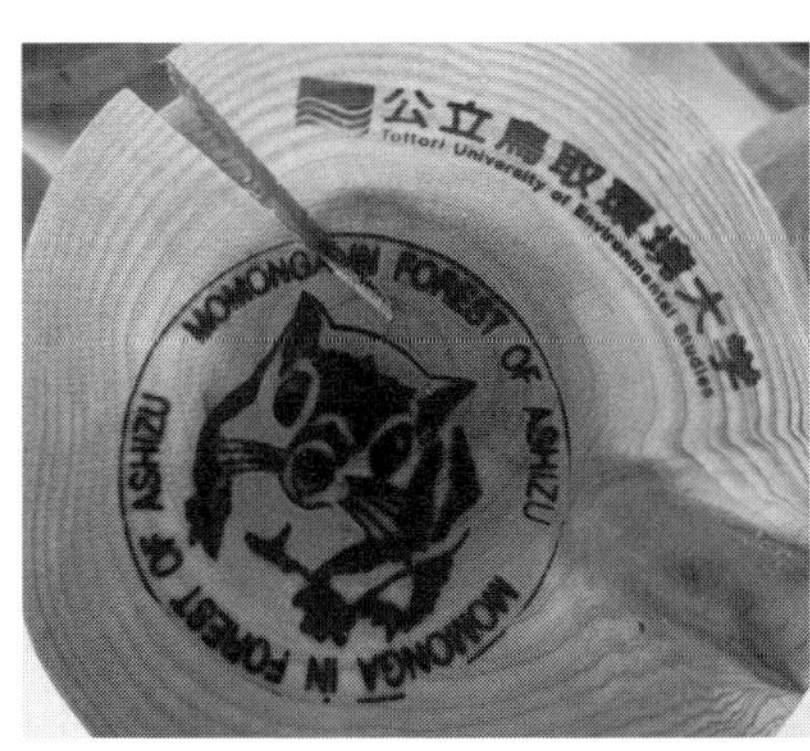

Nkさんは2時間くらいかけて、大学ノベルティのモモンガコースターを次々と完成させていった

完成した大学ノベルティ（芦津のモモンガの森にて）

ホバとの出合いを思い出させてくれた鳥との出合い

別れはまったく違っていたけど

「ホバ」と言われて、読者の方は、「あっ、あのホバか！」と思われるだろうか。

思われた方は………偉い！

思われなかった方も………新たに読者になってくださってありがとう！

先生！シリーズの第一巻で登場し、その後も先生！シリーズにいろいろと話題を提供してくれた鳥（ドバト）だ。

忘れもしない（ちょっと忘れたけど）。大学の開学から二年目の初夏のことだった。

研究室にメディアセンターから電話がかかってきた。

「ハトが窓にあたって落ちたらしいのだけれど動きません。見てもらえないでしょうか」という内容だった。

もちろん急いでセンターに向かった。

職員の方たちが、ダンボール箱に入れられたハトを、取り巻くようにして見ておられた。ドバトだった。

箱のなかで、片方の羽がねじれた状態で横たわっていた。目は開いていた。

私も含めみんなでしゃがんで見ていたが、そのうち会話もとぎれ……、それは、つまり

「先生、連れていってくださいよ」という、みなさんの**沈黙の意思表示**だった。きっと。

「助かるかどうかわかりませんが私がなんとかしてみましょう」

ほっとした空気が、その場に広がるのが感じられた。

私は箱ごとドバトを連れて研究室にもどった。

何かにぶつかった鳥によく起こることなのだが、脳震盪（のうしんとう）で動けなくなっていたらしく、しばらく休ませたら動きはじめた。しかし、あとでわかったことだが、翼の骨が複雑骨折していて、もう飛ぶことはできない体になっていた。

ドバトは家に運ばれ、私や妻、息子が面倒を見ることになった。息子がホバと命名し、家族の一員のような鳥になった。右の翼がいつも下がっており、歩くと体が左右に揺れた。

私に一番よくなつき、私のあとをついて歩き、外で採食するときも、私の姿が見えなくなるとパニックになったかのように私を探しまわった。

その後、一〇年近く一緒に暮らし、もう寿命と言ってもいいだろう。ある朝、横たわって動かなくなっていた。もう目は開いていなかった。

そして、**ホバがいなくなってから八年後**の二〇一九年二月、情報メディアセンターから電話があった。

「鳥が玄関のなかに入って飛べなくなって床にうずくまっています。見てもらえないでしょうか」という内容だった。

私は仕事を中断し、**すぐセンターに向かった。**もちろんホバのことが頭に浮かんでいた。

四方がガラスの窓やドアに囲まれたエントランス、そのなかに職員の人たち四、五人が見えた。

あー、あそこに鳥がいるのか。**私は足を早めた。**

そして数メートル離れた場所まで来たとき、

情報メディアセンターの、四方をガラスに囲まれた玄関で、鳥が飛べなくなってうずくまっているという連絡が入った。私はすぐに現場へ向かった

職員の人たちの視線の先に、ぼんやりと青と茶色に色分けされたような体の鳥らしきものの姿が見えたのだった。結構大きめのその鳥はまったく動いていなかった。

私は、それがイソヒヨドリの雄であることをほぼ確信し、周囲の状況から考えて、ガラスの存在がわからず、飛んでいこうと、懸命に周囲のガラスにぶつかっていったのだろう、と想像した。

生きているとしたらホバの場合と同じように脳震盪を起こしたか、動けなくなるほど疲れきってしまったか、あるいは………、そんなことを考えながら、エントランスに近づいた。

自動ドアの向こうでは私の接近に気づいた数人の人が私のほうを向き、私は、自動ドアが開くのを待って、なかへ入っていった。

そこで〝事件〟の経過について聞いてから鳥に顔を寄せたとき、**鳥の目がこちらをにらむ**のがはっきりと見てとれた。**まずはよかった。**

私は鳥のことをこれだけ心配してくださる職員の人たちにうれしさを感じながら（さすが環境大学）言ったのだ。

「これはイソヒヨドリの雄です。どこからか間違って入ってきて、外へ出ようとしてガラスにぶつかり、脳震盪を起こしたか、疲れはてているのだと思います。骨などに異常がなければ休息させれば元気になる可能性が高いです」

それはこれまでの経験をもとに言ったことで、骨のことに言及したのは、もちろんホバのことが頭に浮かんでいたからだ。

誰かが、「イソヒヨドリと言うんですか。種類や性別もすぐわかるんですね」と言われたのはよく覚えている（**誰だってほめられるとうれしい**し記憶にも残りやすいものだ。特に、〝少年〟が人より多めに残っている私の場合は）。

さてこれからどうするか？

やるべきことは決まっていた。ホバのときもそうだったように、**みんなの目が言っていた。**

〝ここは一つ、先生が引き受けて連れて帰ってもらえないでしょうか〟

私はホバのときを思い出しながら言った。

「私が連れて帰ります。休息させて、もし飛べるようになったら外に放します」

そして、その言葉によって、場が動き出した。職員の人たちはエントランスからなかへと移動しはじめ、私は、イソヒヨドリを、手で包みこむように持ち、エントランスから外へと出ていった。

ちなみに、なぜ私は、離れた場所からチラッと見ただけでその鳥がイソヒヨドリの雄だとわかったのか。

もちろん私くらいの動物行動学者になると………（一部の！）鳥の同定など、イヌがワンと吠えるくらい、ニホンモモンガが滑空するくらい、簡単なことなのだ。ただし、まー、しいて言えば、以下のような事情で、私にとってイソヒヨドリはなじみの鳥になっていた、ということもあった。

その一

五年ほど前からイソヒヨドリが大学に、数番（つがい）棲みついており、もちろん私は、いつも気にしていた。屋上で鳴く姿をじーーっと眺めていたこともある。

彼らは教育研究棟の屋上を活動の中心にし、キャンパス全体を飛びまわりながら餌を探していた。大学の壁を覆うツタに蛾の幼虫が大発生したときも彼らは、コシアカツバメとともに大発生の収拾にひと肌脱いでくれた。

子育てもしていた。春には雄が奏でる求愛コールもよく聞いたし、こんなこともあった。

ある日、キャンパスを歩いていると、大学の表側の駐車場わきに立っているケヤキの枝に雄のイソヒヨドリがとまり、ある方向をじーっと見ていた。嘴(くちばし)には虫をくわえていた。

この情景を見て、**これは何かある、**と感じた私は、イソヒヨドリの方向をじーっと見ていた(口には何もくわえていなかったが)。大体、**何**

大学の駐車場わきのケヤキの木に、嘴に虫をくわえたイソヒヨドリがとまって、ある方向をじーっと見ていた

が起こっているのか予想はついていたが……。

やがてイソヒヨドリがパッと飛び立ったかと思うと、駐車場の端にある車庫の前あたりに降り立った。そして、**ゲッゲゲッと鳴いた**のだ。

するとどうだろう。車の下というか裏というか、とにかく**一羽の小さくてかわいいイソヒヨドリ**がイソイソと出てきたではないか。

「やっぱり！」私は心のなかで叫んだ。

つまり、こういうことだ。

多くの鳥では、子どもは巣を出たあともしばらくは親から餌をもらい、じょじょに独り立ちしていく。

私が見たのは、その「しばらく」のときだったのだ。父親は、枝にとまって、安全に子ども

パッと飛び立ったイソヒヨドリは、駐車場の端に降り立ち、ゲッゲゲッと鳴いた。すると、1羽の小さくてかわいいイソヒヨドリが現われた。○がイソヒヨドリ。右側の個体が父親

に餌を与えられるタイミングを計っていたのだろう。

子どもは、親から餌をもらい、近くの車の下に消えていった。父親は飛び上がり、おそらく次の餌を求めて、大学の裏側の森のほうへ飛んでいった。

その二

鳥が大好きなゼミ生のＵｅくんが、私と相談して、卒業研究のテーマを「鳥取県内におけるイソヒヨドリの市街地・農村地域への侵入状況――選択要因の分析」にして調査を始めた。そして、最初のころ、私も〝市街地・農村地域〟へ同行して、調査の仕方、記録の取り方について検討した。

本来、日本では、イソヒヨドリは、その名前が示すように、磯などの海岸周辺をおもな生息地にしている種（しゅ）である。しかし近年、内陸の、ヒトの居住地でも見られるようになり、私自身、内陸での生息域の拡大を実感していた。常々、在来の野生動物が人々の居住地の一部をうまく利用して生息すること（たとえば人家の軒下を利用するツバメ）の、**生物学的な意味での〝良さ〟**を考えてきた私にとって、イソヒヨドリの動向は興味の対象だったのだ。

生物学的な意味での〝良さ〟というのは、自然界での生息地の減少が続いている動物が、ヒトの居住地の一部で、適度な個体数を保ちながら生きていくという〝良さ〟、そして、潜在的にヒトの脳に備わっていると考えられる「動物とのふれあいを求める欲求」を満たすという〝良さ〟である（それは、人々の心に潤いのようなものを与えるし、ヒトが自然を保全し野生動物と共存するうえで、その施策をあと押しすると思うのだ）。

これまでのＵｅくんの調査からは、「イソヒヨドリは、ある程度の高さがあり、建蔽率の高い（つまり建物同士の接近度が高い）居住地に好んで定着する傾向がある」ことが見えてきている。おそらく、「磯」の物理的な環境と似ているからではないかと話している。

いずれにせよ、Ｕｅくんのおかげもあり、私自身も、イソヒヨドリにはいっそう興味を高めているのだ。

そもそも、基本的にゼミ生自身がやりたい動物を研究テーマにすることを尊重している私としては、ゼミ生が、私があまりなじみのない動物を言ってくるとちょっとうれしくなる。そのゼミ生の研究にかかわることで、私自身の動物世界が広がるではないか。

まー、そんなこんなで、数メートルほど離れたところから、たとえガラス越しにではあっても（確かに見える姿は小さくぼんやりとはしていたが）、イソヒヨドリを見て、「イソヒヨドリの雄」と見きわめることなど造作もなかったのだ。

さて、研究室にもどり、イソヒヨドリと二人っきり（？）になった**私は、少し考えた。**イソヒヨドリの回復のためのベストな状態を思案したのだ。

静かで周囲が暗い環境のなかで休ませるか、または、水とか餌を与えるべきかなどなど。

そんなとき私は、動物の顔、特に目を見る。**私をにらむ彼の目はしっかりしていた。**目力があると言えばいいのか。

私は、いったんイソヒヨドリを、ティッシュペーパーを巣のように入れこんだ箱のなかに移し、脚や翼の状態を調べた。骨折はない。

保護したイソヒヨドリ。幸い骨折はしていない。体力を消耗しているのだろう。温かい砂糖水とミールワームを与えることにした

〝二月〟ということを考えると、餌が少なくて体力を消耗しているときに、情報メディアセンターのエントランスで飛びまわってさらに体力を消耗した、という可能性が高い。

これまでの経験ももとにして、「温かい砂糖水」と、様子を見て（ヒトの赤ちゃん用の粉ミルクを水に溶かしたものに浸した）ミールワームを与える、そう決めた。

案の定、イソヒヨドリは、スポイトで与えた砂糖湯をよく飲んだ。

会議や授業の合間に砂糖湯を飲ませていたら、脚もしっかりして、夕方には、私が差し出したミールワームをピンセットから自分で取って食べるようになってきた。

よし、もう少し飲んで食べて、今晩ゆっくり休んで、**明日、野に帰れ！** そう思う私であった。


そして次の日の朝。

私が研究室に入ると、カゴのなかで、元気になったことをアピールするかのように、止まり木を巧みに飛びかかっていた。

放鳥だ。

その前に、砂糖湯とミールワームをしっかり与えよう。

仕事が一段落した昼前ごろ、イソヒヨドリを連れて屋外に出た。快晴だった。

「行け！」と言って、手を広げると鳥は勢いよく羽ばたいた。

いったん山側に向かい、それから教育研究棟のほうへと向きを変え、屋上付近で見えなくなった。

そして、そのとき私は思ったのだ。

あーっ、なんで気づかなかったのだろうか。あいつは大学に棲みついている、私がよく知っているイソヒヨドリのなかの一羽だったにちがいない。あいつも私のことを見たことがあるにちがいない、と。

そして、同時に、長く一緒に過ごしたホバのことも自然に思い出された。ホバも、最後に一度、あんなふうに羽ばたきたかっただろうな、と。

その日の夕方、私は、情報メディアセンターの方々に、元気になって飛んでいったイソヒヨドリのことを知らせるべく、スマホで撮った動画も添付して、以下のようなメールを送った。

私の手から離れ飛んでいくイソヒヨドリ。スマホで撮った。一番下の写真では、ちょうど真ん中あたりに小さくなった逆V字型の姿が見える

そしたら、職員のSgさんからすぐ次のような返事が返ってきた。

情報メディアセンターの皆様

先日、無断で入館しておきながら出口がわからず弱っていた鳥（イソヒヨドリの雄）ですが、研究室で、温かい砂糖湯を飲ませ安静にさせておりましたら大変元気になりましたので、外に放しました。
そのときの動画をフォルダ（U:tsstuff:shared: 元気になったイソヒヨドリ）に入れておきました。
あのままだと体力を消費して死んでいたと思います。

イソヒヨドリになりかわりまして情報メディアセンターの皆様にお礼申し上げます。

小林

さすが、環境大学。

ご連絡いただき、ありがとうございます。

鳥が元気になったとのこと、
課員一同喜んでおります。

素人目には、あの状態では、もうダメなのかな？
と思っておりましたが、小林先生の手にかかると、
あんなに元気に飛び立てる状態になり驚いています。

鳥も小林先生に感謝していることかと思います。

ありがとうございました。

鳥取環境大学の

ヤギの群れのリーダーは………

群れの内部構造の秩序に踏みこむ一歩、みたいな

ちょっとカッコつけてサブタイトルを書いてしまった。まー、そんな画期的な発見ではないのだが、でもそのときは、その現象の再現性（その現象が安定して起こること）も確認して、

「ほーっ！」と思った。

これまでもヤギについては、行動を中心にいろいろと調べてきたが、これまでのものとはちょっと種類が違う特性の発見のように感じられたのだ。

確かにある程度は家畜化された動物ではあるが、でも、野生の祖先種の習性を色濃く残したヤギ*Capra hircus*は、群れの内部構造を研究するのに格好の動物だと思うのだ。

完全な野生種と比べ、じつに研究しやすいという絶対的な強みがある。

少なくとも鳥取環境大学のヤギたちは、とても広い自然の放牧場のなかで、小屋や柵をのぞいて特に人工物もなく自由に暮らしている。つまり、ヤギ本来の習性がすぐ身近で見られるのだから。

きっかけは、新しくゼミに入ってきたＳｙくんとの相談だった。

卒業研究のテーマについて話をしたとき、元ヤギ部部長のＳｙくんが「ヤギの行動に関する

ことをテーマにしたいです」と言ったのだ。

それ以来、私は、Ｓｙくんが熱中できるようなテーマはないか、と機会あるごとに、**ヤギたちをじーーーっと見ていた。**もちろん、Ｓｙくんにも、研究のテーマになるような行動現象を見つけるように伝えたが、それまでの経験から、いくらヤギと密に接してきたヤギ部の部員ではあっても、研究テーマとなると、まー、学生自身が見つけるのは容易ではないことはわかっていた（もちろん例外もあるが）。研究というものを正式にやってきたことがないのだから無理もない。

私は、それぞれの学生が対象にしたい動物については十分尊重し、その動物種について何を調べるか、については、たいていはヒントやテーマの骨子を投げかけるようにしてきた。

そして、私くらいの動物行動学者になると、ちょっと本気になって見つめつづければ、卒業研究のテーマにちょうどいいくらいの（今まで誰も調べたことのない、かつ、ヤギの種としての特性をよく反映した）行動を見つけることは難しくはなかった。

ずばり、次のような行動だった。

ヤギたちは、朝起きて（早いぞー。季節や天候にもよるが、朝五時ごろには、数頭のヤギは）小屋から出て草を食べている。

やがて全員がそろうと、互いに一定の距離を保って（その距離を調べた卒業生のＮｋさんやＭｋさんの研究だと平均六メートルくらい）互いに群れをなして移動し、みんなで立ち止まっては採食し、しばらく採食するとまた移動し、……それを繰り返す。

やがて大部分の個体が座って休息し（反芻しているのが口の動きでわかる）、また立って移動と採食の繰り返しが始まる。

もちろん、移動、採食、休息の間にもいろいろな行動が現われる。二頭が頭つきで遊んだり、一頭が群れから離れてお気に入りの椅子の上でポーズをとったり（？）、ヤギ放牧場が好きらしく、よくやって来るカラスを追いかけてみたり……、まーいろいろやっている（なかには、広ーーい放牧場から、柵の隙間をくぐって外へ行き、放牧場の外の草を食べる柵抜けの天才のヤギもいる。アズキという名のけしからんヤギだが、対策がない。しかたなく、私は〝**キャンパス・ヤギ**〟と呼んで、あたかも計画的に外の除草をさせているように見せかけている。ところが最近、アズキは、建物の近くの草を食べることが多くなってきた。棟のなかに入って来る

鳥取環境大学のヤギの群れのリーダーは………

大学の屋上から見たヤギの放牧場（向こうの山の頂上に風車が３機見える）。小さく白く見える長細い点がヤギである。１頭、明らかに柵の外側に見える個体もいるが、それがキャンパス・ヤギ（『先生、アオダイショウがモモンガ家族に迫っています！』に登場）である。やがて柵のなかにもどる

可能性もでてきた。実際、以前一回そういうことがあった。でも大丈夫だ。ちゃんと次の手を考えている。〝キャンパス・ヤギ〟という名称を葬り去って**〝屋内ヤギ〟**という名前を広めればよいのだ)。

なんか横道にそれてしまった。Ｓｙくんのために私が、見出した現象の話だった。

私はこれまで、二〇年近く、ヤギ部のヤギたち(正確に言えばヤギ部の学生たちが飼育しているヤギたち)をずっと見てきた。そのなかで、ヤギ同士のやりとりとして頭に浮かんでくる莫大な数の場面のなかでも、ひときわ色濃く思い出されるものの一つが、群れのリーダー的存在だった「ヤギコ」と、そのあとを受けつぐような形になった「クルミ」のふるまいであり、また彼女らに影響されて行動するほかのヤギたちのふるまいである。ヤギコもクルミも、他個体より体が大きく、餌の争奪戦では他個体を蹴散らした。一方で、柵の外にイヌなどが連れて来られると、一番に様子を見に行った(そんな状況を根拠に、一応、リーダー的存在、と呼んでおこう)。

〝ほかのヤギたち〟は、ヤギコやクルミの状態に、特に大きな注意を払っていた。そもそも、イヌのように体全体で意思を表現するタイプの動物ではなく、互いに距離を保ち、われわれか

鳥取環境大学のヤギの群れのリーダーは………

ヤギ部のヤギたち。2頭が頭つきで遊んだり、群れから離れてお気に入りのベンチの上でポーズをとったり、カラスを追いかけたり、なかには柵抜けして放牧場の外の草を食べに出かけたり……

ら見れば、〝互いに無関心〟という印象をもつヤギだが、もちろん私くらいの動物行動学者にかかると、**ちょっとごまかすことはできない。**確かに、ボディアクションの権化のようなイヌより、かなり「我、関せず」だが、**ヤギたちも……見ている。**周囲の状況や他個体のふるまいをしっかりモニタリングしているのだ。ほんとにさりげない動作のなかにそれが見てとれるのだ。

〝ほかのヤギたち〟はヤギコやクルミを怖がっており、同時に頼りにもしている、と言えばよいのか。

私は、なかなか表には現われない群れの秩序みたいなものを理解するのに、一つには、このリーダー的個体の存在が鍵になると思ってきた。

そんな思いにも影響されたのだろうか。私は、移動↓採食↓移動……を見つめながら、（そのときリーダー的存在だった）クルミと〝ほかのヤギたち〟のふるまいのなかに、注意しないと見逃してしまうような、**さりげない、ある現象が見えてきた**のだ。

移動から採食、採食から移動という行動の変化が起こるとき、その変化はどのようにして決まるのか?

ちなみに、動物行動学の父であるオーストリアの動物学者にして哲学者であったコンラート・ローレンツ(一九〇三~一九八九)は、コクマルガラスの移動のタイミングの決定が、カラスたちの多数決によって決まることを世界的に有名な著書『ソロモンの指輪』(早川書房)のなかで記している。出発しようという意図行動が群れの個体のなかで増えていき、大多数になるとみんながいっせいに飛び立つ。その意図行動の広がりが途中で止まり少数のままだと群れは動かない、ということらしい。ローレンツは「カラスの民主主義」と呼んでいた。

ヤギの場合は、各個体の行動を注意深く観察していると(まー、群れの個体数がコクマルガラスのほうが圧倒的に多いが)、たいていの場合、最終的に活動の種類の変化や移動の**方向を決めるのは、クルミ、**なのである。

移動では、クルミが先頭になることが多いし、他個体が先頭になっても、そのあとを行くクルミが移動方向を変えると、各個体がそれぞれ一瞬はバラバラの状態になるが、結局は他個体もクルミのほうへと寄っていくのだ。

移動をやめて採食を始めるときも、最初は移動を続けたりする個体もいるが、クルミがしっかり止まって採食を始めると、先に進んでいた個体ももどってきて、**群れ全体がクルミのまわりで採食活動に入る**のだ。

私はその状況を何度も観察し、その現象が高頻度で見られることを確認した。そして思ったのだ。**あーっ、これだ！**　これをじっくり調べれば、きっと、研究という名に値する、かつ、細かい点でもいろいろ面白い事実がわかるにちがいない、と。

ところで、読者の方のなかには、私がそこまで確認したのなら、もう研究はすでに終わっているのではないか、と思われる方がおられるかもしれない。

いやいや、そうではないのだ。

Ｓｙくんが、自分で考え、自分で工夫してやっていかなければならないことがたくさんあるのだ。

たとえば……この現象を科学論文にするためには、クルミが、移動の開始と移動をやめて採食への移行、その間の移動方向の決定に、他個体より重要な役割をはたしていることを、数値として表わさなければならない（そして、その数値について統計的な処理をして数量の違いを示さなければならない）。そのためには、「群れの移動」や「群れの採食」を、何をもってそう判断するのか定義しなければならない。移動から採食にかけてのさまざまな動作を定義して分類し、時間の経過とともにそれぞれの個体で、それぞれの動作がいつ起こったのか記録しなければならないだろう。移動中の個体の順番も定義して記録しなければならないだろう。「移動→採食→移動→………」の事例をランダムに選び、どの程度の割合で、クルミの「先導」がなされているかも調べなければならないだろう………。

現場でのデータの採取も、いくら大学の放牧場の柵内だからといっても楽なわけではない。**相手はヤギだ。**放牧場が見渡せる場所に行けば、すぐ、「移動→採食→移動→………」が起こるわけではけっしてない。ヤギみんなが、あるいは数個体が、小屋のなかに入っていることもあるだろうし、外の草の上でじーーーっと座っているときもあるだろう。全個体が互いにある程度集まって採食する場面が訪れるのは、一〇分後かもしれないし、三時間後かもしれない。**動物を相手に研究するというのはそういうことだ。**

大変だろうが、Ｓｙくんには、大好きなヤギを対象に、こういった活動をとおして、科学的な研究の行ない方、考え方、発見する力などを育ててほしいのだ。

こうしてＳｙくんの研究が始まった。

まだ始まったばかりだが、Ｓｙくんは土日の休日など、しっかりと時間がとれる日に大学に来て、ヤギの群れでの「移動→採食→移動→………」や休息からの活動の変化など、〝そのとき〟を待ちつづけビデオに収める研究活動を頑張ってやっている。記録データはかなりたまってきたと聞いている。

次ページの写真は、Ｓｙくんがためている記録データのなかから一つもらって、一定時間ごとに静止画にしたものである（ちょっと見にくいけれどご勘弁を）。

Ｓｙくんは音声で解説も入れており、映像も見ながら写真の出来事の経過を次のように解説してくれた。

五頭のヤギがある場所にとどまって採食していた。

そのうち徐々にクルミ（次ページの写真の白矢印）が集団から離れ、移動を始めた。途中で一度、後ろをふり返る動作をし、そのままゆっくり前進していった。するとそれまで採食していた個体のうち三個体が採食をやめ、クルミのあとを追いはじめた。やがて、最後まで採食していた個体が、自分が一人（一頭）であることに気づいて大急ぎで（といった様子で）移動を始め、みんながクルミの周囲に寄ってきた。

鳥取環境大学のヤギの群れのリーダーは………

①5頭が採食している。矢印の先がクルミ。②クルミが集団から離れ、移動を始めると、ほかの3頭が採食をやめてクルミのあとを追いはじめる。③もとの場所で最後まで採食していた1頭が取り残されたことに気づいて大急ぎで移動する。④最終的には、4頭ともクルミの周囲で採食を始める

そのころクルミはすでに移動後の場所にとどまって採食を始めていた。周囲のヤギたちは、最初はクルミより少し先へ進んだり移動前のほうへ向かって歩いたりしていたが、一頭、また一頭と、クルミのそばで採食しはじめ、最終的にはクルミのすぐ近くでみんなが採食を始めた。

なるほど、わかりやすい動きだ。

こういった映像をたくさん調べれば、リーダー・クルミの群れにおける役割や、群れの構造と行動との関係みたいなものにいろいろ気がつくかもしれない。

これからのＳｙくんの研究が楽しみだ。**どんな新しい発見があるのか？** どんな形で論文はでき上がっていくのか？

ちなみに、Ｓｙくんのこれまでの文献調査によると、ヤギも属するウシ科の動物については、アフリカスイギュウやマウンテンシープ、アイベックスといった多くの種で、おもに、雄の群れにおいて個体間に順位があることが知られている。そして、角をもつ種では、リーダー（最上位個体）は、角が最も大きいことが報告されている。野生ヤギ（ノヤギとも呼ばれ家畜ヤギの祖先種と考えられている。この種は雌と雄とが別の群れをつくる）では、雄の群れに順位があり、やはり角の大きさと順位の高さとが比例しているという。

ただし、角が大きいということはそれだけ身体も大きく、角の大きさと身体の大きさ、どちらが順位に関係しているかははっきりしていない。

もしまだ、**「角の大きさか身体の大きさか」**が未解決の問題だとしたら、鳥取環境大学のヤギ部のヤギたちの状況は報告に値するものかもしれない。ヤギ部のヤギたちは五頭とも雌だが、Ｍｋさんの、「餌が入れられたバケツが置かれたときの、攻撃も含めた奪いあいに関する実験」から、クルミの次に順位が高いのは、角がない（！）コムギであることがはっきりした。

「角がない」というのは、おそらく家畜化の過程でヤギに生じた形質（人為的に人が選択した形質）だと思われるが、「角の大きさか身体の大きさか」を調べるには格好の実験設定なのだ。角がないコムギは、メイやアズキやキナコを押しのけてバケツの餌を食べる。さらに、順位の確認のような頭つきにおいても、**角がないにもかかわらず、**本来ならば角がある場所の皮膚（その下には角の台座にあたる分厚い頭骨がある）から出血しながらも、メイやアズキやキナコには負けない。

雌での結果だとはいえ、この事実は、順位に直接関係しているのは「角の大きさ」ではなく「身体の大きさ、頑丈さ」であることを示唆しているのだ。

さて、本章を書くにあたって、私は、リーダー・クルミが群れを先導しているはっきりした写真を撮ろうと思い、多少ねばって数枚撮った。それが下の写真だ。

さらにだ。賢明にも私は、これまでの記録のなかにもリーダー・クルミの存在感を示すものがあるのではないかと考え、思いあたる節のある記録をいくつか調べてみた。すると、こんな記録が見つかった（三つあった）。

一つ目は、**ヤギの「バイオロギング」**で撮られた映像である。

「バイオロギング」というのは、もともと、ペンギンが海のなかでどのように活動しているか（餌を捕ったり群れたりなど）を観

中央の、左脚を前方に出しながら進む個体がクルミ。他個体がクルミに続く

察するために、ペンギンの背中に小型カメラを取りつけたことから広まった技術である。そうすると、**動物の視点で前方のものが撮影できる**というわけだ。映像以外に、深度や潜水時間、速度、温度も記録でき、音を録ることもできる。東京大学の佐藤克文さんたちは、南極のペンギンにつけたカメラによって、彼らの野生の生活についてのすばらしい知見を次々に明らかにしている。

そして、ペンギンでとてもうまくいったあと、ほかの動物にも使われるようになった。その〝動物〟のなかにはペットもおり、イヌやネコの首に小型カメラをつけると、彼らの活動が、彼らの目線に近い映像で見られ、ペットの飼い主にも人気だという。

そして**私も興味をもった。**まったく科学的な見地からキャンパス放牧場のヤギの首に、吊り下げるように小型カメラをつけ、ヤギたちの世界について理解を深めたいと考えたのだ（何々？　佐藤さんたちの南極での調査とはえらい違いだな、だって？　ホットイテクレ）。

選ばれたヤギは、こういった新しいものにも特に気にせずふるまってくれる可能性が高かったメイである。素直につけされせてくれ、気にする様子はまったくなかった。

メイちゃん、よろしくね、みたいな感じ。

結果？………結果は、まー、失敗と言ってよいだろう。

原因？………一つは、ヤギの安全を考え、首にぴったり固定するのはあきらめ、緩めの首輪にカメラを取りつけたのだが、**ヤギが歩くとカメラも揺れ、**安定した画像が撮れなかったのだ。

そしてなにより想定外だったのは、**カメラの前には、常に、長い顎鬚（あごひげ）（！）**があり、その顎鬚がカメラの視野を覆うのだ。かといって、顎鬚を切るわけにはいかない………ということで目下、改善中である。

それでも撮れた映像を見ているといろいろとわかることもある。たとえば、「先頭のクルミについて行く」状態の映像がしっかり撮れていたのだ（画面の三分の一は顎鬚だったが）。ちなみに、先頭のクルミのあとはコムギだった。

やっぱり、クルミのあとをついて行ってるん

ヤギの群れの行動を解明するために、メイの首に小型カメラを取りつけた

だ。………ということがわかった。

二つ目は、鳥取環境大学一代目リーダーのヤギコの写真である。

ヤギコを含めたヤギたちが放牧場で過ごしている懐かしい写真のなかに、リーダーの行動を垣間見せるものはないだろうか、と考えて探してみた。すると、次ページのような写真が出てきた。

一頭のヤギを先頭に、四頭のヤギがきれいに列になってこちらにやって来ている。

もちろんヤギコが先頭、そのあとを、コハル、○×、△□（写真からでは誰かわからない）が続く。そういえばこういう状況、時々あったような気がする。そのときは、ヤギたちの空間的位置を、社会的な意味あいのなかでは見つめて

メイの首につけられた小型カメラで映された前方の様子。先頭を行くのがクルミ。その次の、こちらをふり返っているような個体はコムギである（顔の様子から、間違いない！）

いなかったのだろう。

三つ目。

これは**ちょっと興味深い現象だ。**

場面は、すでに『先生、犬にサンショウウオの捜索を頼むのですか！』に登場した。

学外のある人から依頼され、田んぼの除草をさせようと、部員と一緒に、ヤギたち（コハル、ミルク）を連れて現地に赴いた。

するとそこで、二匹の、マメシバらしきイヌをリードにつないで散歩されていたご老人に出会った。

イヌたちは、ヤギたちに大変興味を示し、二匹ともリードがピーーンと張るくらいヤギたちに向かってきた。

まー、動物行動学者の立場から言わせて

1頭のヤギを先頭に、4頭のヤギがきれいな列になってやって来る。先頭はヤギコだ。これはヤギコのリーダーとしての行動を垣間見せているのではないだろうか

もらえば、ヤギたちはイヌたちに捕食される立場の動物だ。こういう形でイヌに迫られたケースはこれまでなかったが、きっとヤギたちは怖がるだろうと漠然と思った。………思ったのだが、その予想はかなりはずれた。

コハルもミルクも、**「小さな動物たちよ。返り討ちにしてあげる！」**みたいな感じで、首から背中にかけての毛を立て、威嚇的な姿勢でイヌたちと向かいあった。耳は、相手の情報をできるかぎり得ようとして（だろう）、イヌの方向に向けられていた。そしてコハルにいたっては、前足を少し上げて地面に叩きつけるような動作まで行なったのである。きっとヤギに備わった本能的な威嚇動作だろう（私は、もちろん、ヤギたちのことを心配に思いながら、動物行動学者としての学問的な興味から、一連の様子をカメラの動画で記録していた。コハルやミルクが聞いたら怒るかもしれない）。

以上のような内容については、『先生、犬にサンショウウオの捜索を頼むのですか！』のなかで書いた。そしてその際のヤギたちの行動を正確に描写しようとして、撮った動画を何回か再生して、じっくりと見た。

賢明な私は、そのときから、ミルクの**ある行動に気づき、気になっていた。**

先頭をきってイヌに近寄ったのはコハルだった。その数歩後、ミルクが続いた。ただし、ミルクにはイヌを怖がっているのではないかと思える動作が見られた。イヌの前進に対して少し後退した。

そしてその直後、………ミルクは、コハルを**数回チラッ、チラッと見たのだ。**それから、気を取りなおしたかのようにコハルの位置まで前進し、コハルと並んでイヌたちに対したのである。

ここからは私の推察だ。

イヌの動作で不安を感じたミルクは、当時リーダーだったコハルの様子をうかがったのではないだろうか。「このまま立ち向かって大丈夫?」みたいな感じで。そして**揺らぐことのないリーダーの様子を見て、また強気になったのでは………。**

この推察（多分あたっていると思う）が正しければ、ここにも群れを先導するリーダーの役割、リーダーに頼る群れのほかのメンバーの心理が浮かび上がる………。

まー、そういう感じだ。

Syくん、頑張ろう!

田んぼの除草を依頼されて現地に赴いたところ、散歩中の2匹のイヌに出合った。そのときヤギたちがとった行動は……。
①首から背中にかけての毛を立て、威嚇的な姿勢でイヌと向かいあったが、ミルク（左）はイヌの前進に対して少し後退した。②チラッとコハルを見るミルク。③それからミルクはコハルと並んでイヌたちに対した

現在の鳥取環境大学ヤギ部ヤギの群れのリーダー、クルミ

著者紹介

小林朋道（こばやし　ともみち）

1958年岡山県生まれ。

岡山大学理学部生物学科卒業。京都大学で理学博士取得。

岡山県で高等学校に勤務後、2001年鳥取環境大学講師、2005年教授。

2015年より公立鳥取環境大学に名称変更。

専門は動物行動学、進化心理学。

著書に『利己的遺伝子から見た人間』（PHP研究所）、『ヒトの脳にはクセがある』『ヒト、動物に会う』（以上、新潮社）、『絵でわかる動物の行動と心理』（講談社）、『なぜヤギは、車好きなのか？』（朝日新聞出版）、『進化教育学入門』（春秋社）、『先生、巨大コウモリが廊下を飛んでいます！』をはじめとする、「先生！シリーズ」（今作第14巻）、番外編『先生、脳のなかで自然が叫んでいます！』（築地書館）など。

これまで、ヒトも含めた哺乳類、鳥類、両生類などの行動を、動物の生存や繁殖にどのように役立つかという視点から調べてきた。

現在は、ヒトと自然の精神的なつながりについての研究や、水辺や森の絶滅危惧動物の保全活動に取り組んでいる。

中国山地の山あいで、幼いころから野生生物たちとふれあいながら育ち、気がつくとそのまま大人になっていた。1日のうち少しでも野生生物との“交流”をもたないと体調が悪くなる。

自分では虚弱体質の理論派だと思っているが、学生たちからは体力だのみの現場派だと言われている。

ツイッターアカウント @Tomomichikobaya

先生、大蛇(だいじゃ)が図書館をうろついています！

鳥取環境大学の森の人間動物行動学

2020年４月10日　初版発行

著者　小林朋道
発行者　土井二郎
発行所　築地書館株式会社
〒104-0045
東京都中央区築地7-4-4-201
☎03-3542-3731　FAX 03-3541-5799
http://www.tsukiji-shokan.co.jp/
振替00110-5-19057
印刷製本　シナノ印刷株式会社
装丁　阿部芳春

ISBN978-4-8067-1598-6

大好評、先生！シリーズ

［鳥取環境大学］の森の人間動物行動学

小林朋道［著］　各巻 1600 円＋税

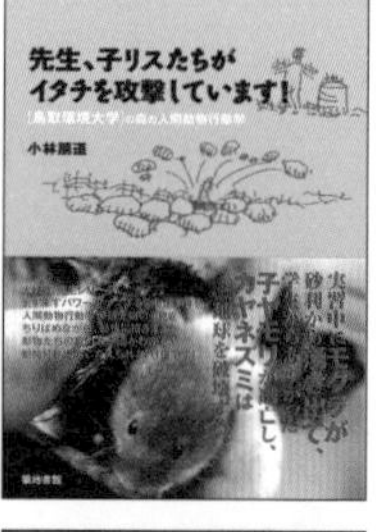

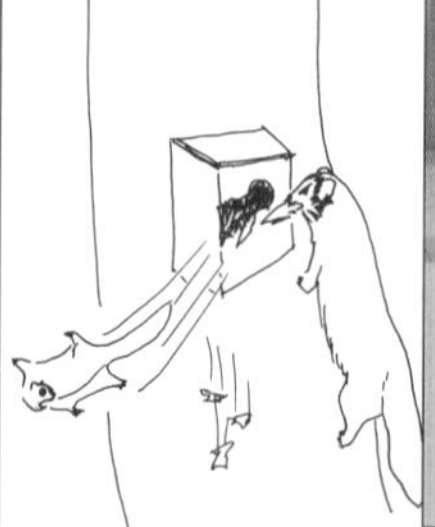